JN307933

エピジェネティクス

新しい生命像をえがく

仲野 徹
Toru Nakano

岩波新書
1484

はじめに

二〇世紀の終わり、ヒトゲノムが解明されれば、われわれの体についてすべてのことがわかるのではないかと期待されていた。そして二〇〇〇年の六月、ヒトゲノムの解読が華々しく発表された。しかし、研究が進むにつれて、生命現象を理解するには、ゲノム情報だけでは不十分であることがわかってきた。さらに何を知らなければならないのか？　エピジェネティクスこそが、それである。そう、現代的な意味で生命を理解するために付け加えられた、新しい必修科目がエピジェネティクスだ。

「エピジェネティックな特性とは、DNAの塩基配列の変化をともなわずに、染色体における変化によって生じる、安定的に受け継がれうる表現型である」などと、いきなり言われても、専門としないほとんどの人には何のことかわからないだろう。しかし、エピジェネティクスは、われわれの体の発生や成り立ちといった生命現象の根源的な現象に深く関与している。それだけでなく、いろいろな病気の発症にも重要な役割をもっており、創薬のターゲットとしても脚光をあびている。これから多方面においてますます重要視されていくに違いない、面白い研究分野なのである。

エピジェネティクスの研究は、ものすごいスピードで展開している。「え、そうなの？ それなのに、新聞や雑誌、テレビのニュースなどであまり見聞きしたことがない」と思われる方もたくさんおられるだろう。実際、あまり報道されていないし、本もたくさんは出ていない。どうしてかをひと言でいうと、とっつきが悪くて、少し理解が難しいからなのである。エピジェネティクスについて知りたいと研究室にやって来られたマスコミの方にかなりの時間をかけて説明しても、いつも帰りがけに言われるコメントは、ため息まじりの「むずかしいですねぇ……」なのだ。だから、なかなか記事にしてもらえない。

これではいかん。こんなに重要で面白い研究分野なのに、なんとかせんといかん。でないと、いつまでたっても一般の人にエピジェネティクスをわかってもらえない。それに、いちいちマスコミの人に説明しても記事にならないのでは時間が無駄になりすぎる。誰か、これさえ読めばエピジェネティクスの面白さがわかると同時に基礎的なことをすべて理解できる、というような本を書いてくれないだろうか。と思い始めていたころに、岩波書店から声をかけていただいた。そうだ、自分でやればいいのだ、と一念発起して書きあげたのがこの本である。

エピジェネティクスなんて聞いたことがない、とか、なんとなくわかりにくそう、とか尻込みしていては、いつまでたってもわからない。基礎知識がまったくなくとも、この本を読むだけで、エピジェネティクスについて、その概念、分子レベルでの制御機構、いろいろな生物における面白い役割、発生や病気における重要性、さらには、これからの展開まで、十分に理解していただけるものと自負している。

ちょっととっつきにくいけれど、知ってしまえば、これからの生命科学の進展を楽しく理解していけること請け合いである。それ以上に、自分の体は、不変性をもったゲノムだけで決定されているのでなく、操作が可能なエピジェネティクスも関係している、ということがわかれば、生命というものに対する考え方が変わるかもしれない。

さぁ、ぜひ、この本でエピジェネティクスの世界をのぞいてみてください。

目次

序章　ヘップバーンと球根

第二次世界大戦末期のオランダで

一九四四年の冬、オランダは記録的な寒さに見舞われた。時は第二次世界大戦末期。悪いことにドイツ軍による食糧封鎖が重なった。その結果、オランダ西部の住民は、一日あたり一〇〇〇キロカロリー以下しか摂取できないという飢餓状態に陥り、二万人以上が亡くなった。当時一五歳のバレリーナだった、あの『ローマの休日』のオードリー・ヘップバーンもこの飢餓を経験し、チューリップの球根の粉で作った焼き菓子を食べてまで生き延びた一人である。ほんとうのところはわからないが、ヘップバーンが華奢な体型で健康に恵まれなかったのは、この飢餓の影響があったのではないかと考える人もいる。

その飢餓のさなかに妊娠している女性もたくさんいた。赤ちゃんがお母さんのおなかの中にいる期間はおよそ九カ月であり、発生の特徴から胎生前期、胎生中期、胎生後期に分けることができる。胎生後期に飢餓を経験した赤ちゃんの出生時体重は極度に低かった。そして、十分に栄養がとれるようになってからも、小さく病弱な子が多かった。

それに対して、胎生前期に飢餓を経験した赤ちゃんは、中期・後期に成長が追いつき、おおむね正常な体重で生まれてきた。しかし、飢餓から半世紀がたち、詳細な疫学的解析がおこなわれ、驚くべきことがわかった。胎生前期に飢餓を経験した人は、高血圧、心筋梗塞などの冠動脈疾患、2型糖尿病などといった生活習慣病の罹患率が高かったのである。さらに、統合失調症など神経精神疾患にかかる率も高いという。

どう考えても不思議だ。生まれる前におかれた環境の状態が、五〇年もたってから健康に影響するというのである。戦時下における飢餓という特殊な状況が関係しているのだろうと思われるかもしれない。しかし、決してそうではない。バーカーという英国の疫学者が、平時であっても、胎児期の環境が後の健康状態に影響を与えるという報告をおこなっている。

バーカーは、ふとした思いつきから、生まれたときの体重と、半世紀たって中年になってからの疾患との関係についての疫学調査をおこなった。その結果、ある相関が明らかになった。生まれたときの体重が低いほど、高血圧や糖尿病といった生活習慣病のリスクが高いというのだ。

この現象は、胎児期に十分な栄養がなかった場合、できるだけ栄養を取り込むように「適応」してしまったからではないか、と解釈されている。お母さんのおなかの中にいたときのまま低栄養に適応した状態が継続しているのに、大きくなってから普通に栄養を摂取してしまうと、相対的に栄養が過剰な状態になってしまう、という説明である。

この二つの現象を理解するには、何らかのかたちで、何十年にもおよぶ「記憶」が体に刻み込まれていたと考えるしかない。あるいは、「体の中のどこかの細胞に記録されていた」と言ったほうがより正確だろう。しかし、そのように長期間にわたって細胞の中で安定的に維持されるものとは、いったい何なのだろうか。

遺伝？　違う。この現象は親から引き継がれたものではない。遺伝的な形質は、母親と父親から、それぞれ卵子と精子を経由して、子どもへと受け継がれていくものである。しかし、さきほどの二つの疫学調査の結果は、胎児期の環境、すなわち卵子と精子が受精した後の環境によって決定されたものである。したがって、この現象は親から子へと遺伝的に受け継がれたものではない。

では、胎児期の低栄養状態によってＤＮＡの塩基配列に異常を来したのであろうか？　これも違う。ある種の化学物質や放射線がＤＮＡの塩基配列の異常、すなわち突然変異をひきおこすことは知られている。しかし、たんに栄養状態が悪いからといって、ＤＮＡに突然変異が生じることはありえない。

では、いったい何なのだろう？　遺伝でもない。ＤＮＡの塩基配列の変化でもない。しかし、細胞における何かが書き換えられ、それが長期間にわたって維持されうるメカニズムが存在する。そのメカニズムとは何なのだろうか？　それこそが、この本のテーマ、エピジェネティクスなのである。

エピジェネティクスの守備範囲

エピジェネティクスは、胎生期における栄養状態と生活習慣病の関係だけでなく、生命の維持そのものに根源的な現象であることがわかっている。たとえば、たった一個の受精卵から二〇〇種類以上もある細胞が分化して、われわれの体ができてくる。それは、真っ白な状態から、それぞれの細胞に特有なエピジェネティクス状態が書き込まれていく過程でもある。また、そのようにして分化した細胞から、どんな細胞へも分化が可能な多能性幹細胞であるｉＰＳ細胞へとリプログラミングされるという現象は、エピジェネティックな状態がふたたび白紙にもどされるということなのである。

病気についても、生活習慣病だけに関係しているわけではない。がんの発症にもエピジェネティクスが重要であることがわかってきている。それどころではない。ある種のがんは、エピジェネティックな状態を変化させる薬剤によって治療することが可能であり、すでに臨床的に用いられているほどだ。

学習や記憶というのは神経活動であるから、神経細胞の電気的な興奮が重要である。しかし、それだけではない。最近の研究では、エピジェネティックな状態の変化が必要である、ということも明らかになってきている。いってみれば、細胞レベルでのエピジェネティックな「記憶」は、一般的な意味での記憶にも必須なのだ。さらに、プレーリーハタネズミという動物では、婚姻関係の成立にまでエピジェネティクスが重要な役割を果たしていることが報告されている。

ほ乳類だけでなく、昆虫や植物でもエピジェネティクスは重要な働きをもっている。ミツバチでは、ロイヤルゼリーが与えられた雌だけが女王バチになり、それ以外は働きバチになる。この現象にもエピジェネティクスが深く関係している。夏の暑い日に涼しさを与えてくれるアサガオ。斑や絞りといった模様ができるメカニズムも、じつはエピジェネティクスなのだ。

こうした不思議な生命現象はなぜ起こるのか？　本書ではそのメカニズムがよく理解できるように、中味を工夫した。第1章では、まず、核移植実験の例などをあげながらエピジェネティクスの概念を説明していく。つづく第2章では、エピジェネティクスの分子生物学について解説する。分子生物学というと難しそうに思われるかもしれない。しかし、本書では面白い現象を理解するのに必要最低限のことだけを、正確さを損なわずにできるだけやさしく説明してあるので、おつきあいいただきたい。いわば、ここまでが基礎編になる。

第3章は、ロイヤルゼリーと女王バチ、ネズミの婚姻関係など、いろいろな生命現象について詳しく紹介し、分子レベルでの説明をおこなっていく。そして、第4章は、がんや生活習慣病といったさまざまな病気において、エピジェネティクスがどのように関与しているかについてのお話である。第5章では、非コードRNAやエピゲノムといった新しい領域について説明し、そこまでの話すべてを受けて、エピジェネティクスについて、もう一度考え直してみる。そして、最終章では、エピジェネティクスというものの生命科学における位置づけから、その将来像について考えてみたい。

第1章　巨人の肩から遠眼鏡で

この一〇年くらいの、エピジェネティクス研究の進展には目を瞠るものがある。エピジェネティクスを制御する分子が次々と発見され、その機能がわかってきた。同時に、いろいろな現象がエピジェネティクスで説明できる、あるいは、説明できそうであることが明らかになってきた。本章ではまず、エピジェネティクスという概念がどのように発展してきたのかを紹介する。歴史的な経緯などを眺めながら、エピジェネティクスとはどのような研究分野なのかについてのイメージをもっていただきたい。

1　美しい実験

ため息がでるほど美しい

科学者には、それぞれに好きなタイプの研究というものがある。巨額な投資をともなうビッグサイエンスが好きな人もいれば、こつこつできる小さな研究が好きな人もいる。びっくりするような発展はないけれど堅実なテーマが好きな人もいれば、ホームランを狙った大振り研究が好きな人もいる。しかし、どの研究者も、「美しい実験」というものに対するあこがれをもっている。だから、実験デザインがシンプルで、結果があざやかな研究にめぐりあえたとき、名画を見るようにうっとりしながら、「あぁ、美しい」とため息をつく。

ノーベル賞に輝くような研究は、膨大な実験に支えられた力業のこともあるけれど、独創性のある、抜きんでた美しさをもっていることも多い。二〇一二年にノーベル賞に輝いた山中伸弥のｉＰＳ細胞作製などは、生命科学の歴史に残る美しい研究である。たった四つの因子を入れるだけで、すでに分化した細胞が、どんな細胞にでも分化できる多能性の細胞へとリプログラミングされたのだから。このように単純な手法で予想外のできごとが生じたとき、研究者たちは驚きの念をもって、それを「美しい」と称えるのだ。iPS細胞の場合は、たんに美しいだけでなく、創薬や病気の治療にも役立ちそうというのだから、もっとすばらしい。

その山中と共にノーベル賞を受賞したのが、イギリスのジョン・ガードンである。二人の超弩級の研究に対する受賞理由は、「体細胞のリプログラミングによる多能性獲得の発見」であった。もちろん、ガードンの研究も山中の研究に劣らず美しいものである。まずは、いまから五〇年以上前、ガードン卿がまだ二十代のころにおこなった美しい実験を振り返ってみよう。

ジョン・ガードンの核移植実験

広辞苑によると、核移植とは「ある細胞から核を取り出し、他の細胞に移す操作。多くの場合、受け手となる細胞の核を取り除くか紫外線で不活性化してから行う。個体発生や細胞分化における核の役割等を調べたり、遺伝的に同一な個体を実験的に作り出したりするのに使われる」実験法である。その古典ともいうべき実験が、アフリカツメガエルを用いたガードンの実験だ。

アフリカツメガエルは、われわれが見慣れているカエルとはちょっとちがって、ぴょんぴょん飛び回るカエルではなく、おもに水中生活をおこなうカエルである。卵は直径が約一ミリメ

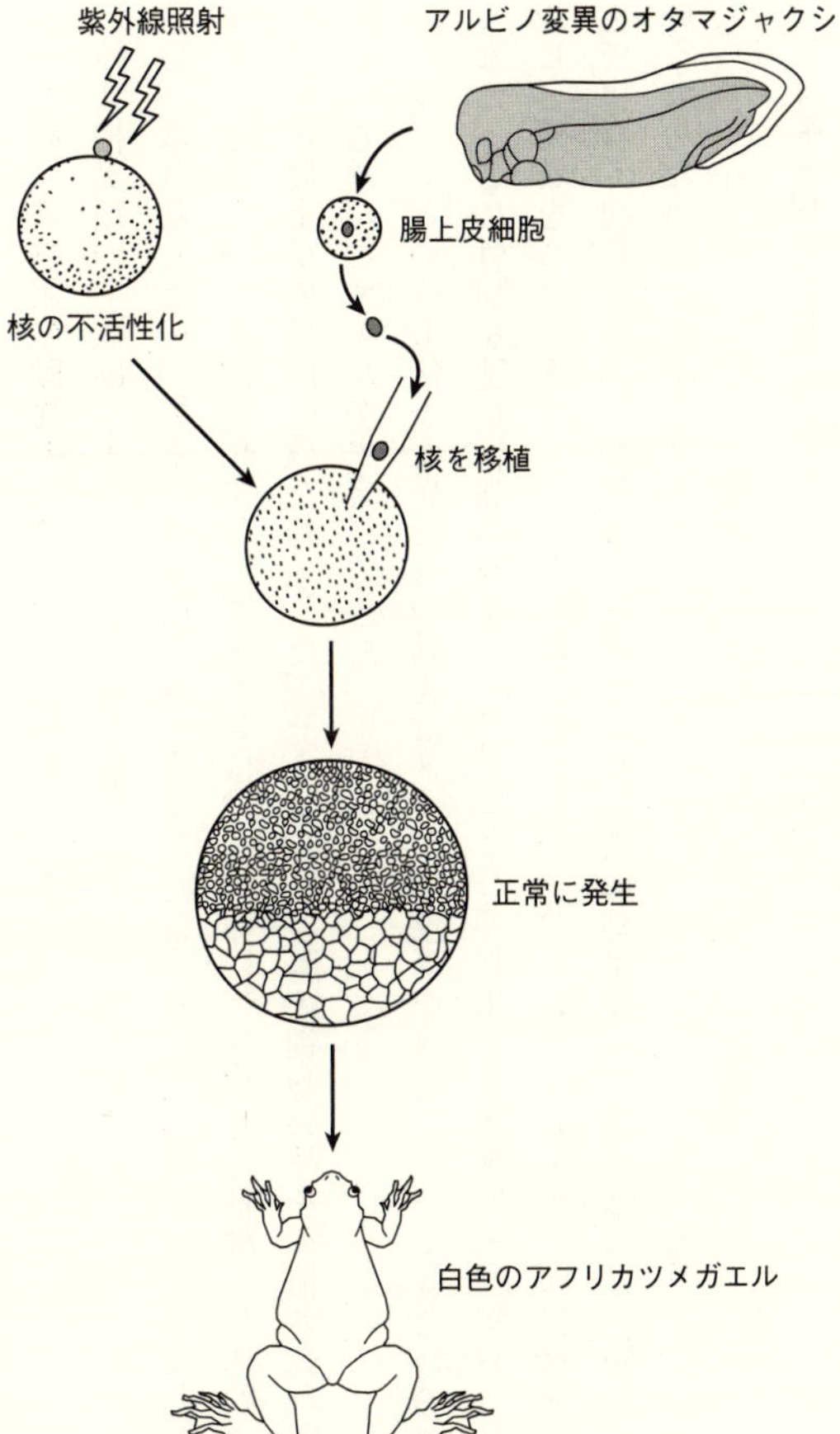

アフリカツメガエルの核移植クローンの作成

ートルとかなり大きいので、核移植など、いろいろな生物学的操作を容易におこなうことができるため、実験用の動物としてしばしば利用される。

核移植実験の手順は、まず、卵から核を取り除くことから始まる。アフリカツメガエルの場合は、取り除くといっても、機械的に取り出すのではなく、紫外線の照射によりDNAを破壊することによって不活性化する。ガードンは、その卵に、分化した細胞、具体的にはオタマジャクシの腸上皮の細胞の核を移植した。そうすると、腸の細胞の核を移植された卵が正常に発生し、ちゃんとカエルが生まれてきた。

アルビノという遺伝子変異をもつ動物はメラニン色素を作ることができないので、体色が白くなる。この性質を遺伝情報のマーカー(目印)として利用した核移植実験がおこなわれた。アルビノ変異をもつオタマジャクシの核を野生色のアフリカツメガエルの卵に移植すると、野生色ではなく白色のカエルが生まれてきたのだ。この結果から、遺伝情報は核内に存在する、という大きな事実が証明された。

核移植実験からわかったこと

この実験は、他にも二つの重要なことを明らかにしている。一つは、発生・分化の過程において、遺伝子そのもの、すなわちゲノムの塩基配列には変化がない、ということである。ここで仮に、発生・分化において、核の中にある遺伝子に何らかの変化が生じると考えてみよう。もしそうであれば、腸の細胞では「腸上皮型」とでも呼ぶべきゲノムをもつ核になってしまう。そうなると、その核がたとえ卵に移植されたとしても、個体発生は正常には進行しないはずだ。しかし、実際には、核移植したカエルは正常に生まれてくる。ということは、分化した細胞の核であっても、どんな細胞にも分化できる「全能性」をもつ受精卵の核と同じ遺伝情報を有していている、と結論することができる。

もう一つの重要なことは、腸上皮のように、すでに分化が終了し、ある特定の機能しかもっていない細胞の核であっても、卵の中へと移植されると、受精卵と同じような全能性を再獲得する、ということである。これは、分化した細胞へとプログラムされてしまった核の状態を、どのような細胞にも分化できる受精卵の核の状態に再び戻せること、すなわち、再プログラミング（リプログラミング）が可能であることを示している。この場合のリプログラミングとは、発生の初期状態への変化であるから、「初期化」と呼ばれることもある。

ガードンによる核移植実験の示すもっとも素晴らしいところは、核が記憶している状態を、分化型から全能型へと変化させることができた、ということにある。核移植という操作はＤＮ

Aの塩基配列に変化をもたらすようなものではないので、この現象はエピジェネティクスの概念で説明することができる。いや、歴史的な経緯からいうと、この美しい実験がエピジェネティクスという概念を確固たるものにした、といった方が正しいのかもしれない。

2　エピジェネティクスとは何か

ワディントンの慧眼

エピジェネティクスの〝エピ(epi)〟とは、「後で」や「上に」という意味のギリシャ語の接頭辞、ジェネティクスは遺伝学を意味する英語である。つまり、エピジェネティクスとは、遺伝子の上にさらに修飾が付加されたものについての学問である。……と言いたいところであるし、意味としてはそれで概ね正しい。しかし、実際の語源は違う。二〇世紀の中頃、「エピジェネシス(後成説)」と「ジェネティクス」の複合語として、イギリスの発生生物学者コンラッド・ワディントンによって提案された用語なのだ。

ことわっておきたいのだが、エピジェネティクスとは、ひとつの概念であると同時に、その概念が関係する現象、ひいては、学問分野をさす言葉でもある。また、「エピジェネティックなメカニズム」というように用いられる場合は、「エピジェネティクスという現象が関与する」という意味の形容詞である。なかなか良い訳語がないので、すこし多義的につかっていくことをお許しいただきたい。

発生学という分野には、「前成説」と「後成説」があった。前成説とは、精子あるいは卵子の中に、生まれてくる子の「小さいひな形」が予め存在しており、生物の発生はその小さなひな形が時間とともに大きくなる過程である、と考える説である。それに対して後成説は、そのような小さいひな形などというものは存在せず、生物の体はまったく形のないところから新しく作り上げられてくる、と考える説である。

前成説では、精子か卵子の中にホムンクルスのような小人が存在すると考えなければならない。ところが、そう考えると、ホムンクルスの精子か卵子の中にもホムンクルスがあって、そのまた中に……、というように、無限に小さなホムンクルスが存在することになってしまう。少し考えただけで、前成説は誤りであるとわかるだろう。

残るは後成説だが、一つの受精卵からなぜあのように様々な細胞ができてくるのか、そのメカニズムはまったくわかっていなかった。それを説明するためにワディントンの考えついたアイデアが、エピジェネティクスであった。神経細胞や血液細胞のような細胞が「それぞれの表現型を示すようになる過程において、遺伝子がその産物とどのように影響し合うのか」。それが、エピジェネティクスの概念のエッセンスである。

エピジェネティクスという言葉が最初に発表されたのは、一九四二年。遺伝子の発現調節機構はおろか、遺伝子がＤＮＡであることすらわかっていなかった。そんな時代に作られた概念であるから、なんだかぼんやりとした定義であることは致し方ない。ワディントンもそう思っ

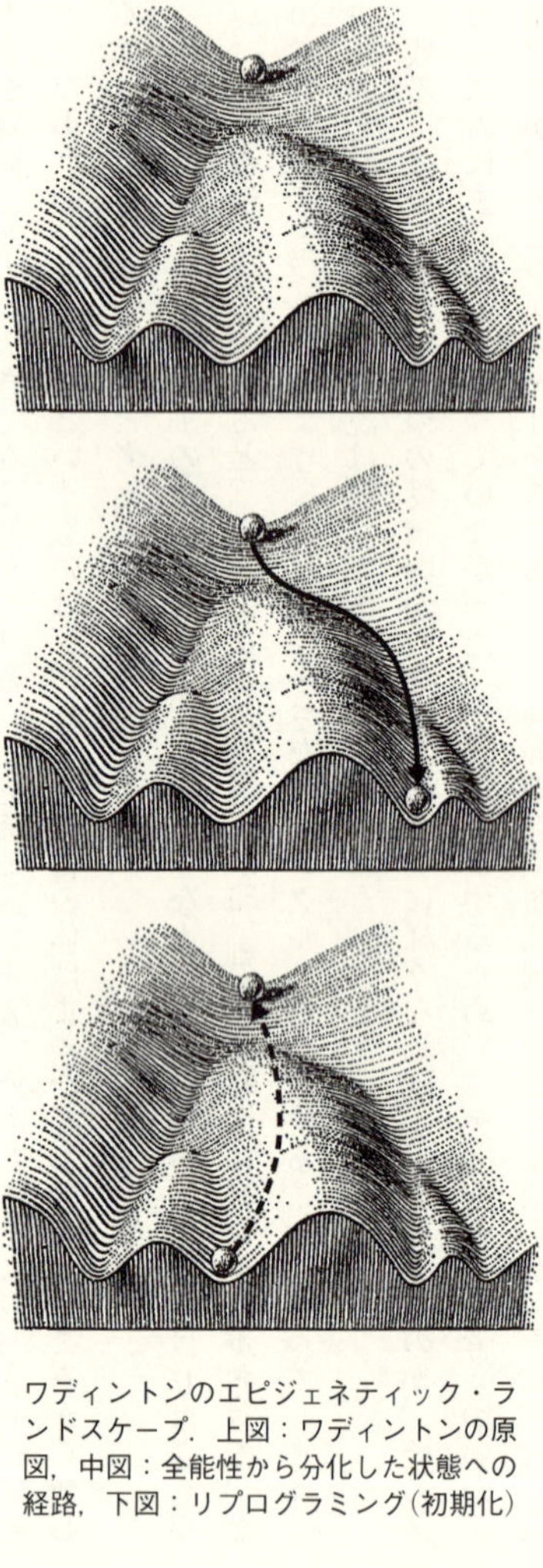

ワディントンのエピジェネティック・ランドスケープ．上図：ワディントンの原図，中図：全能性から分化した状態への経路，下図：リプログラミング（初期化）

たのかどうか知らないが、一九五七年、「エピジェネティック・ランドスケープ」という概念的な地形図を考案して、あらためて説明を試みている。

エピジェネティック・ランドスケープでは、ボールが細胞を、ボールの位置が細胞分化の状態をあらわしている。あくまでも概念としてではあるが、図中のいちばん向こう、ボールが最も高い位置にある状態が全能性の状態(どんな細胞にも分化できる状態)である。全能性の状態からの変化は、図中の向こう側から手前側、高い位置から低い位置へとボールが転がり落ちてくることであらわされる。図中のいちばん手前、最も低い位置にあるボールは、場所に応じてそれぞれ神経細胞や血液細胞など、最終的に分化した細胞をあらわしている。

いったん分化した細胞は、通常、別の種類の細胞にはなれない。このことは、エピジェネティック・ランドスケープの手前側にある谷に落ち込んだ細胞(特定の分化状態にある細胞)は、隣の谷(違う分化状態)には容易に移れないことによってあらわされている。また、細胞分化のプログラムが未分化から分化への一方向にしか流れないのは、ボールは高い位置から低い位置へ転がり落ちるだけで、逆向きには上がれないことによってイメージできる。

このように考えると、核移植実験におけるリプログラミングという現象の特異さ、困難さがよくわかる。リプログラミングとは、分化した状態の細胞から全能の状態の細胞に変えることであるから、ランドスケープの図でいえば、低い位置から高い位置へと、ボールを逆戻りさせることだ。核移植によるリプログラミングもｉＰＳ細胞の作製も、同じように、いわば重力にさからうようなものであり、いかに驚くべきことであるかがわかるだろう。

しかし、である。この図では、エピジェネティクスの「ジェネティクス（遺伝学）」の部分が勘案されていない。「エピ（後成）」の部分の直感的な理解には役立つが、ワディントンが言うところの「遺伝子がその産物とどのように影響し合うのか」の説明には不十分だ。

もうひとつの定義

エピジェネティクスの定義は、ワディントンによる提唱以来、少しずつ変わってきている。現代的な意味でのエピジェネティクスは、デビッド・ナンニーの考えをとりいれたほうが、わかりやすいかもしれない。

ナンニーは、ワディントンとは独立に、ジェネティック・システム（ＤＮＡに規定される遺伝システム）と対比するものとして、パラジェネティック・システムというものを考えていた。しかし、言語学的な理由から、それを「エピジェネティック・システム」という言葉に置き換えて発表することになった。

ワディントンは、エピジェネティクスを、発生という動的な現象から発想していた。それに対してナンニーは、動的というよりむしろ安定的で、分裂しても細胞の性質が維持されるメカニズムとして考えていたようである。そして、より物質的な観点からエピジェネティクスをとらえていた。分化した細胞の性質は安定しているのだから、エピジェネティック・システムもかなり安定的なものであり、その分子機構は核の中に存在するだろう、ときわめて正しく考察している。

このように、エピジェネティックな状態は発生・分化の過程では変化するが、分化が終了した段階になるときわめて安定的なものになる。研究者によって考え方が微妙に違うし、歴史的にも様々な考えがあるが、それらのことを考慮にいれて、二〇〇八年には、

エピジェネティックな特性とは、ＤＮＡの塩基配列の変化をともなわずに、染色体における変化によって生じる、安定的に受け継がれうる表現型である

という定義が提案されている。現時点では、これがエピジェネティクスに対する最大公約数的な定義と考えていい。

「安定的に受け継がれる」ではなく「安定的に受け継がれうる」であることに注意してほしい。細胞が最終的に分化した段階（ボールが谷底で落ち着いた段階）では、エピジェネティックな状態は変わらず、分化した形質が安定的に受け継がれていくようになる。それに対して、分化していく途中の段階（ボールが転がり落ちている段階）では、少しずつではあるが、エピジェネティックな状態が変化していく。細胞は、少し手前のエピジェネティックな状態を維持、あるいは記憶しながら分化していくのである。このように、細胞分化の過程では変化するが、細胞分化が終わると安定的に維持される、ということが、エピジェネティックな状態の重要な特性である。

エピジェネティクスは、ほ乳類だけに存在する現象ではない。進化的に見ると、その分子的な基本メカニズムは、昆虫や植物はおろか、単細胞生物である酵母やアカパンカビにも存在する。このように普遍的な生命現象としてのエピジェネティクスを理解する上でもっとも重要なことは、細胞が分裂しても引き継がれうる、DNAの塩基配列によらない情報が存在するという事実である。遺伝情報は、狭い意味では、ゲノムの塩基配列に書き込まれている。そして、学問分野としてのエピジェネティクスが注目するのは、そこにさらに上書きされた情報なのである。

3　パラダイムの転換なのか？

カール・ポパーと反証可能性

科学哲学といえば、まず名前が挙がるのは、カール・ポパーである。ドイツのハイデルベルクにあるヨーロッパ分子生物学研究所に留学中、ポパーの講演を聴いたことがある。残念ながら、日本語で聴いたとしても難しい内容を英語で聴いたのであるから、かなりちんぷんかんぷんであった。欧米人にしては非常に小柄で、九〇歳近い晩年のポパーであったが、多くの分子生物学者を相手に「あなた方の実験結果は決して「真実」を示すものではない」とエネルギッシュに語りかける姿は印象的であった。

いまや科学哲学の古典ともいえる『科学的発見の論理』（恒星社厚生閣）などを通じて、ポパーの考えは、非常に多くの科学者に影響を与えた。その中の一人に、行動の刷り込み現象の研究で知られるノーベル医学生理学賞受賞者、コンラート・ローレンツもいた。

ポパーとローレンツはともにウィーン生まれで、かつて一緒に遊んでいた幼なじみであった。ともに名をなしてから再会したとき、ポパーが、子どものころ一緒にインディアンごっこをしたことがあるという話から切り出して、そのことを覚えていなかったローレンツが驚愕したという話を読んだことがある。科学におけるエピソードの中でも大好きなものの一つなのだが、こういうちょっとした小ネタを聞くと、神様がいて、時々いたずらをしているのではないかという気がしてしまう。

そのポパーが最も重視したのは、ある仮説が実験結果や観察結果によって反論できるかどうかという「反証可能性」である。ポパーは、反証可能性があるかどうかということを、科学と疑似科学を分ける試金石と考えた。逆にいうと、どんな考えも吸収してしまうような仮説、たとえばポパーが激しくやり玉にあげたマルクス主義などは、科学的な仮説とは言えない、ということになる。

この反証可能性という考え方で重要なのは、普遍言明である。普遍言明（仮説、あるいは理論）の正しさを証明するには、個別の単称言明（実験結果、あるいは観察結果）による反論を退ければいけない。たとえば、これを説明する例としてよく挙げられるものに「カラスは黒い」という命題がある。この命題の正しさを証明するためには、いくらたくさんの黒いカラスを探し出してきても駄目で、理論の補強にはならない。むしろ逆に、たった一羽であっても白いカラスを見つければ、そのたった一つの単称言明によって、「カラスは黒い」という普遍言明は退けられるのである。

このように、白いカラスが見つかれば、「カラスは黒い」という普遍言明は正しくないといわざるをえなくなる。とはいえ、そのことは、「世の中のカラスのほとんどが黒い」という厳然たる事実に対して、何ら影響を与えるものではない。それと同様に、「ゲノムですべての遺伝情報が説明できる」という仮説の正しさを証明しようとしても、エピジェネティクスという現象によって退けられてしまうのである。

しかし、だからといって、エピジェネティックな現象がゲノム情報よりも重要であるとか、エピジェネティックな情報はゲノム情報に取って代わるものであるということを意味するわけではない。つぎに、エピジェネティクスはパラダイム転換をもたらすほどのインパクトのある概念なのか、という疑問が生まれる。

トーマス・クーンとパラダイム転換

ポパーと並んで有名な科学哲学者といえば、トーマス・クーンだ。クーンの名前は知らなくとも、クーンが提唱した「パラダイム」という言葉はどこかで聞いたことがおありだろう。パラダイムとは、クーンの著した科学哲学の古典『科学革命の構造』（みすず書房）で用いられた言葉である。クーンは、現在よく使われているような広い意味でパラダイムという言葉を使ったわけではない。クーンが提唱したパラダイムという概念は、科学者を含む同時代のほぼすべての人が信じきっている理論的枠組み、とでもいうべきものである。たとえば、かつては天動説というパラダイムがあった。いまから見るとおかしな考えだが、その時代には、最高に知的な人たちもその考えを完全に支持していたのだ。

仮説は反証によって棄却される、というのがポパーの考えであった。それに対してクーンの考えるパラダイムは、たとえ反証が示されても簡単に崩れ去ることはなく、反証を取り込んだかたちで理論を再構築しつづけ、維持されていく。たとえば、天動説のパラダイムでは当初、惑星の逆行運動をうまく説明することができなかったが、その不自然な運動を説明するために周転円の考えを導入したことでパラダイムとして生き残れたというように。

時代にひろく受け入れられている「通常科学」は、パラダイムを維持する慣性力をもつ。しかし、パラダイムに反する「異常科学」の挑戦を受けつづけると、パラダイムは次第に維持しきれなくなっていく。そして、その挑戦にいよいよ持ちこたえられなくなったとき、次のパラダイムへと転換が起こる。これが、クーンによるパラダイムの概念である。

クーンは、もともと物理学を学んだこともあって、物理学の歴史にもとづいてパラダイムの概念を提唱した。生物学の分野でも前成説から後成説への転換、体液説から細胞病理説への転換など、パラダイム転換の例はある。しかし、歴史的に見て、生物学では物理学ほどに大きなパラダイム転換は多くない。

エピジェネティクスという学問分野も、遺伝学やゲノムといったパラダイムが転換して現れたものではない。遺伝学やゲノム、あるいは、遺伝子と表現型の関係をより詳しく調べる中で見つけられ、進歩してきた学問分野と考えるのが妥当である。期待をかけるあまり、エピジェネティクスをパラダイム転換であるかのように論じる人もいるが、その点については注意が必要だ。この問題については、最終章でくわしく考えてみたい。

関係性のレベル

エピジェネティクスは、従来のパラダイムを否定するものでもなければ、新しく取って代わるものでもない。では、エピジェネティクスは、現代の生命科学においてどのように位置づけられるのだろうか。生命現象とエピジェネティクスとの関係性は、おおまかにいえば、次のようなカテゴリーに分けることができる。

①エピジェネティクスだけでほぼ説明できる現象

②エピジェネティクスも関与している現象
③エピジェネティクス以外では説明が難しい現象
④エピジェネティクスが関与している可能性がある現象
⑤エピジェネティクスは関係していない現象

①は、ある現象にエピジェネティクスが深く関与しており、エピジェネティクスの概念だけでほぼ説明できる現象である。次章で解説する「ゲノム刷り込み」という現象は、これにあたるといってよい。

②には、記憶や学習といった現象があてはまる。記憶や学習では、神経回路の形成や電気的なメカニズムが重要である。しかし、第3章で説明するように、エピジェネティクスによる制御も関係していることがわかってきている。すなわちエピジェネティクスだけでは説明しきれないが、エピジェネティクスも関与していると考えられる現象である。

③は、少なくとも、現時点における生命科学のパラダイムでは、エピジェネティクス以外のメカニズムは考えにくい、という現象である。序章で紹介したオランダの飢餓と生活習慣病などはこのカテゴリーにあてはまる。④と⑤については、突然変異による遺伝性疾患の発症など、いろいろな例をあげることができるだろう。

第3章と第4章では、エピジェネティクスに関連する現象をいろいろ紹介するが、それらの現象とエピジェネティクスとの関係性にはこのような濃淡があることを少し頭にいれておいてもらいたい。そうでないと、エピジェネティクスというものを過大評価、あるいは過小評価してしまうことになる。このことについては、あらためて第5章で考察する。

巨人の肩に乗って？

ニュートンの法則というパラダイムを打ち立てたアイザック・ニュートンは、ライバルであったロバート・フック宛ての手紙にこう書いたという。

「もし私が遠くまで見えたとしたら、それは、巨人の肩に乗ったからです」。

実際のニュートンはあまり謙虚な人ではなかったようだが、この「巨人の肩に乗って」という言葉は彼の謙虚さを示すものとして、しばしば引用される。ただし、この言葉はニュートンのオリジナルではなく、一二世紀、フランスはシャルトルのベルナールが語った言葉らしい。

それはさておき、近年のエピジェネティクス研究の進展ぶりには目覚ましいものがある。研究者によっては、ニュートンと同じような「巨人の肩に乗って」という感慨をもつ人もいるかもしれない。そうではなくて、少し違う印象をもっている。むしろ、「巨人と同じ目の高さで望遠鏡を使って覗いている」といったような感じだろうか。「より高い場所から眺め、より遠くの景色まで見えるようになった」というよりも、レンズをとおして「より鮮明に見えるようになった」というイメージなのだ。第3章、第4章では、いろいろ不思議な生命現象の景色をエピジェネティクスの望遠鏡で眺めて、「うわぁ、こんなに面白いのか」と驚き楽しんでもらいたいと思っている。

ただし、望遠鏡にはデメリットもある。拡大して見ることによって、景色の全体ではなく、景色の一部しか見えなくなってしまう点だ。エピジェネティクスの望遠鏡によって鮮明になった生命現象の景色は数々あるが、その望遠鏡で生命現象のすべてが鮮明に見えるようになるかどうかは、いまのところわからない。エピジェネティクスが生命現象の謎を解く重要な鍵となることは間違いないが、今後の研究の進展を待たなくてはならないだろう。

エピジェネティクスとは「染色体における塩基配列をともなわない変化」、もう少し専門的にいえば、「ヒストンの修飾とDNAメチル化による遺伝子発現制御」である。とっつきにくく感じられるかもしれないが、この定義の意味が理解できると、かつてガリレイが望遠鏡をつかって月の表面や土星の環を詳細に観察したように、それまでぼんやりとしか見えなかった生命現象の景色が、手に取るように鮮明に見えてくる。

第2章　エピジェネティクスの分子基盤

この章では、まず第1節でエピジェネティクス現象の古典的代表であるゲノム刷り込みについて説明する。そして、第2節からは、エピジェネティクスという現象が、どのような分子基盤によって成立しているのかを簡単に説明していく。「分子や化学の話など絶対にいやだ」とおっしゃる方もいるかもしれない。そんな方でも、第2節はがまんして読んでいただきたい。この節では、化学式は出さずに、遺伝子発現とエピジェネティクス制御について、ごくかいつまんで説明する。その知識だけで、第3章以降も読み進めることができる。もちろん、第3節以降も読んで、エピジェネティクス制御の分子基盤の概略を理解していただければ、よりよくわかるようになるはずだ。

1　ゲノムに刷り込まれる情報

ＤＮＡとゲノム

われわれの体は、およそ六〇兆個の細胞でできている。二〇〇種類以上あるとされるそれらの細胞は、ごくおおざっぱに、たった二つの種類、生殖細胞と体細胞とに分けることができる。生殖細胞とは、オスでの精子とメスでの卵子、および、それらの細胞を作り出す元になる細胞のことである。体細胞とは、それ以外のすべての細胞をさす。

どうして、「たった一種類の細胞」対「その他の細胞」という分け方をするのか。それは、その細胞がもっている遺伝情報が子孫へ伝達されるかどうかという、生物学的に重大な点において大きな違いがあるからだ。体細胞は、その個体が生きている間の一代きりしか機能せず、個体が死んでしまったらそれでおしまいの細胞である。それに対して、生殖細胞は、個体が死んだ後も、その遺伝情報を子々孫々へと伝えていける唯一の細胞系列なのである。

細胞の核の中にはＤＮＡが存在し、その情報は、アデニン（Ａ）、シトシン（Ｃ）、グアニン（Ｇ）、チミン（Ｔ）という四種類の塩基の並び方によって決定されている。ＤＮＡの構造は二重らせんであり、AとT、GとCが、それぞれ対をなしており、われわれ人間の体細胞一個には、およそ六〇億もの塩基対が存在している。

ヒトでは、DNA鎖が四六本の染色体に分かれている。その内訳は、四四本の常染色体と二本の性染色体である。常染色体は、長い方から順に一番から二二番まで番号がつけられていて、それぞれ一対、二本ずつが核の中に存在している。性染色体として、男性はX染色体とY染色体を、女性は二本のX染色体をもっている。すなわち、男性は、常染色体二二本×二とX染色体、Y染色体の計四六本(46XY)、女性は、常染色体二二本×二とX染色体×二の計四六本(46XX)の染色体をもっている。

生殖細胞は、受精して遺伝情報を子孫に伝えるために、減数分裂という特殊な細胞分裂をおこなう。四六本の染色体をもった精子と卵子が受精すると、染色体の数が九二本になってしまう。そうならないように、精子と卵子が産生される際には、減数分裂により、最終的に、体細胞の染色体数の半分である二三本の染色体、すなわち、一セットの常染色体と一本の性染色体(X染色体あるいはY染色体)をもつ「半数体」が形成されるのである。

そして、受精により、それぞれ二三本の染色体をもった精子と卵子が融合し、ふたたび四六本の染色体がそろった「倍数体」の受精卵になって発生が開始される。後で詳しく述べるように、受精というのは、単に染色体の数が倍になるだけでなく、エピジェネティックな状態も非常にドラマチックに変化することがわかっている。

ゲノム（英語での発音は〝ジィノム〟に近い）という言葉を広辞苑でひいてみると「配偶子または生物体を構成する細胞に含まれる染色体の一組、またはその中のDNAの総体」と書かれている。新聞などで見ることも多い言葉であるが、いきなりこう言われても「?」という感じがしないでもない。

ゲノムとはもともと、染色体の一組（ヒトでいうと、二三本分の染色体、あるいはそのDNAの総体）をさす言葉であった。しかし、現在では、ゲノムが「全遺伝情報」と訳されることからわかるように、DNAの総体（ヒトでいうと体細胞に存在する四六本の染色体にあるDNAの塩基配列のすべて）をさすことも多い。「個人のゲノム解析」というような場合のゲノムは後者の意味であって、ある人がもっているDNAの総体、すなわち、DNAのもつ遺伝情報すべてをいう。

一方、これから何回かでてくる、父親に由来するゲノム（父性ゲノム）、あるいは母親に由来するゲノム（母性ゲノム）、というような場合は、それぞれの配偶子ゲノム（精子または卵子に由来する染色体あるいはDNAの総体）という意味であり、半数体のゲノムをさす。いちいち区別して説明しないが、ゲノムには二通りの意味があると知っておいてもらいたい。

ゲノムへの刷り込み

受精直後の初期胚である受精卵は、一細胞期と呼ばれることもあるように一個の細胞である。しかし、その段階では、精子に由来する核と卵子に由来する核が残ったままであり、核が二つ存在している。精子由来の核（雄性前核）と、卵子由来の核（雌性前核）は、父親に由来するか母親に由来するかが異なっているだけで、ゲノムすなわちDNAの塩基配列情報という観点からは、基本的に同じである。しかし、両者の機能は異なっている。このことは、一九八〇年代の半ばに、マウス受精卵の雄性前核と雌性前核を入れ替える、当時としては離れ業に近い高難易度の実験によって明らかにされた。

雄性前核を抜いた受精卵に、他の受精卵から採取した雌性前核を移植する、あるいは、その逆の組合わせの移植をする、という実験である。このような胚では、ゲノムDNAの情報は通常の受精卵と同じであるにもかかわらず、雌性前核を二つもつ胚も、雄性前核を二つもつ胚も、正常に発生することはできなかった。

この結果から、雄性前核と雌性前核は、ゲノムの塩基配列に違いはなくとも、それぞれが有する「情報」が異なっていると考えざるをえない。いいかえると、雄性前核と雌性前核ではエ

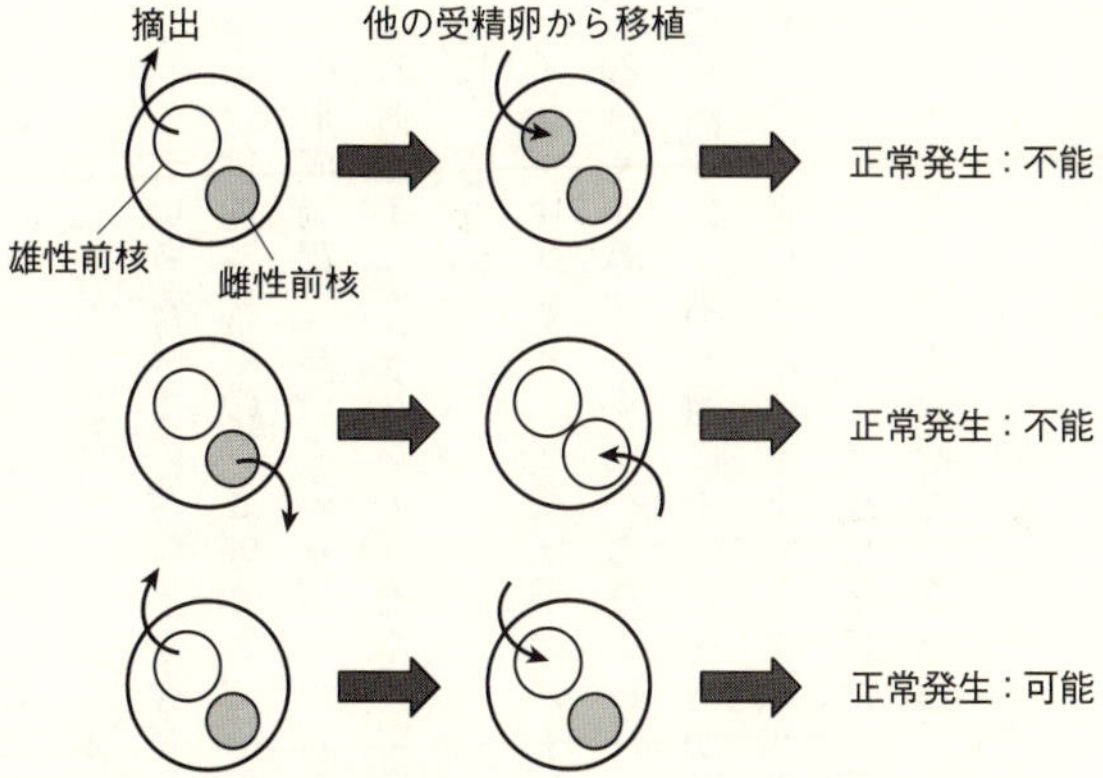

受精卵における前核移植実験．上図・中図：雌性前核，雄性前核が 2 つの場合は正常に発生しない，下図：核移植操作をおこなっても雄性前核と雌性前核がそろっていれば正常に発生できる

ピジェネティックな状態が異なっている、すなわち、ゲノムDNAになんらかの異なった情報が上書きされている、ということがわかったのである。

では次に、受精前の段階にまでさかのぼって考えてみよう。生殖細胞ができる際、ゲノムに、塩基配列の情報以外のなんらかの情報、精子には父親特有の、卵子には母親特有の情報が付加されているはずだ。この現象は、それぞれのゲノムに新たな情報が刷り込まれる、という意味で、ゲノム刷り込み（ゲノムインプリンティング）と呼ばれる。ゲノム刷り込みという現象は、DNAの塩基配列の変化をともなわない上書き情報、すなわち、エピジェネティクスというものの存在を決定的に示している。

では、ゲノム刷り込みはどのような分子基盤によって生じるのであろうか。ヒトゲノムには、おおよそ二万個の遺伝子、次節で説明するように、DNAからRNAを経てタンパクへと翻訳されるという意味での遺伝子が存在している。それらの遺伝子すべてに、性差をもった上書き情報が付加されるのかというと、そのようなことはない。決して多い数ではなくて、精子や卵子の形成過程において刷り込みがおこなわれ、エピジェネティックな修飾状態が異なるようになる遺伝子(インプリンティング遺伝子)は、ヒト、マウスにおいて一〇〇個ほどが同定されているにすぎない。

インプリンティング遺伝子の分子レベルでの指標として、エピジェネティック修飾の一つであるDNAのメチル化がある。DNAメチル化については第4節で詳しく述べるが、ここでは、ごく簡単に、ある遺伝子のDNAが高度にメチル化されると、その遺伝子の発現が不活性化され、その遺伝子がコードするタンパクが作られなくなる、ということを頭にいれてほしい。

インプリンティング遺伝子には、精子と卵子の発生・分化において、それぞれ異なったDNAメチル化パターンが付加される。そして、精子および卵子形成過程においてメチル化されるインプリンティング遺伝子をそれぞれ、父性インプリンティング遺伝子、母性インプリンティング遺伝子と呼ぶ。

後述のように、受精の直後にＤＮＡのメチル化は消去されるのであるが、インプリンティング遺伝子のＤＮＡメチル化パターンは保存され、発生過程において細胞が分裂する際にも維持される。だから、インプリンティング遺伝子のＤＮＡメチル化状態、すなわち、エピジェネティックな修飾状態は、父型と母型というように異なったままで保存されていく。そのため、前核の移植操作により、雄性前核が二つ、あるいは、雌性前核が二つになると、ゲノムＤＮＡが同じであっても、遺伝子発現のパターンに異常が生じ、最終的に、正常な発生が進まなくなってしまうのである。

異種間雑種の不思議

もう一つ、精子と卵子がゲノムＤＮＡの塩基配列以外の情報を有していることを示すわかりやすい例がある。ちがった種の動物を交配して作られた異種間雑種動物である。ウマとロバを掛け合わせて生まれる動物であるラバという名前の家畜がいる。ラバは、雄のロバと雌のウマの交配によって作られた動物である。一方、その逆に、ケッティは、雄のウマと雌のロバの交配によって作られた動物である。

ラバとケッティ。それぞれ異なる名前で呼ばれるのには、それなりの理由がある。ラバは、顔立ちや、たてがみの短いところがロバに似ている。それに対して、ケッティはたてがみも顔立ちもウマに似ている。ラバはケッティよりも体格が大きく、粗食に耐えて、性格もおとなしい。ラバが家畜として良いことずくめであるのに対して、ケッティは性格がウマに似ていて扱いにくい。気の毒なことに「役立たず」なのである。家畜としてはラバの方が扱いやすいので、ケッティよりもラバがよく作られ、世間的にもよく知られているのだ。

このような異種交配の例としては、ほかにも、百獣の王であるライオンと密林の王であるトラとの交配で生まれる、ライガーとタイゴンが知られている。雄のライオンと雌のトラとの交配によって生まれた異種間雑種は、ライガーと呼ばれる。それに対して、雄のトラと雌のライオンとの交配によるものは、タイゴンと呼ばれる。ライガーは、両親であるトラやライオンよりも大きく成長し、ネコ科動物のなかでも最大のサイズになり、その縞柄はトラによく似ている。一方のタイゴンは、両親よりも小さめで、トラに似た縞柄をもつこともあれば、ヒョウのような斑紋をもつこともある。

ロバとウマの交配の場合も、ライオンとトラの交配の場合も、子のゲノムは同じ（ロバとウマが半々、ライオンとトラが半々）であるにもかかわらず、どちらが父でどちらが母であるかによって、生まれてくる子の姿形に大きな違いが生じている。これは、同じゲノムDNAをもっていても、精子と卵子では遺伝情報が異なることを示しているわけではないが、おそらくゲノム刷り込みの影響によると考えられている。くわしく調べられている。

2　遺伝子発現の制御

中心教義

「中心教義」などと聞くと、宗教か何かの話かと思われるかもしれない。しかし、そうではない。れっきとした科学の話である。DNAが二重らせんであることを発見したワトソン＝クリックのうちの一人、フランシス・クリックが提唱した、二重らせんの発見に勝るとも劣らない、すばらしい科学的な考え。それが、中心教義(セントラルドグマ)だ。

細胞において実際に機能する分子は、多くの場合、DNAではなくタンパクである。遺伝情報は核内のDNAに蓄えられているが、タンパクの合成は核の外、細胞質でおこなわれる。では、DNAの遺伝情報はどのようにして細胞質へ伝えられるのか？　そのメカニズムがまだ定かでなかったころ、クリックは「この仮説に基づいて研究を進めるべきである」という形で中心教義を提案した。

中心教義は当初あくまで仮説であったため、このような名前がつけられた。ところが、さすがは天才科学者。あまり時間を経ずに、基本的なところでは正しいことが証明された。クリックの卓見は、DNAとタンパクの間に遺伝情報を伝達するものが介在するはずだ、と考えたところである。実際、この考えに沿っていくつもの研究が進められ、そのような介在物が発見された。それがメッセンジャーRNA（mRNA）である。

図中の矢印は、遺伝情報の流れを示している。DNAからDNAにもどる丸い矢印は、細胞が増殖する際にDNAは複製されて、ACGTからなる遺伝情報が維持されつづけることを示している。そして、DNAからRNA、RNAからタンパクへと向かう矢印は、遺伝情報が発現するための流れをあらわしている。

DNAを鋳型にしてRNAが産生される過程は、核酸であるDNA（デオキシリボ核酸）から核酸であるRNA（リボ核酸）へと塩基配列を写し取るだけであるから「転写」という。それに対して、RNAからタンパクがつくられる過程は、核酸からタンパクへ、すなわち異なった種類の高分子へと、遺伝情報の意味を維持しながら情報が変換されるので、「翻訳」という。一般的な言葉がうまく使われていることもあって、この情報の流れはイメージだけでなく、言葉としてもとらえやすい。

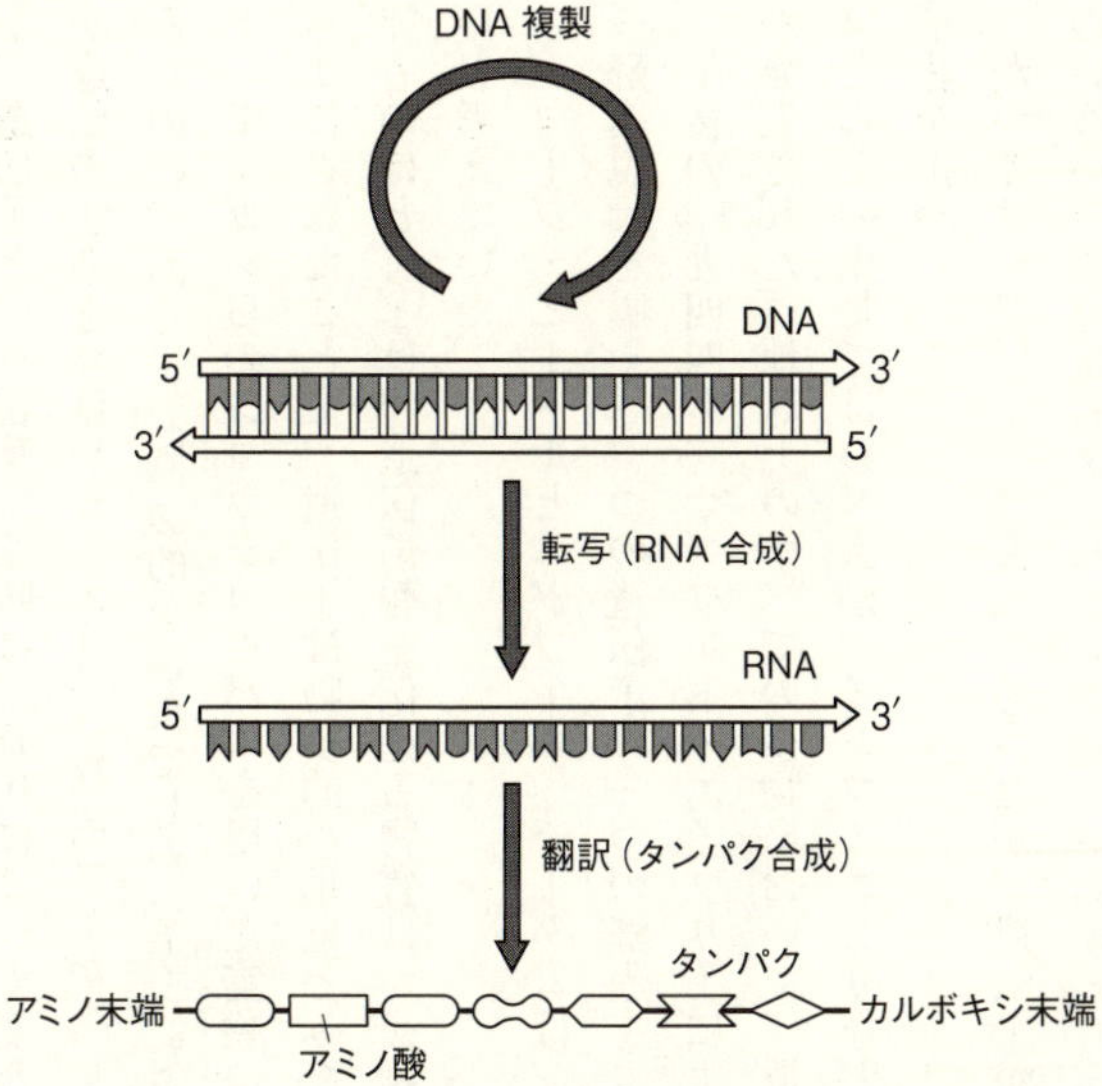

セントラルドグマ（中心教義）．遺伝情報は，DNA から RNA への転写，RNA からタンパクへの翻訳と流れる

遺伝子とは何か

遺伝子というのは実によくできた言葉である。原子や分子と同じように「子」という字が使われているおかげで、遺伝する「ユニット」という意味をくみ取ることができるのだから。英語でいうとGene だが、この言葉には「ユニット」という概念は組み込まれていない。「遺伝子」という言葉は、翻訳された和製生命科学用語の中でも傑作中の傑作ではないかと思う。

これまで定義せずに使ってきた

が、遺伝子という言葉の意味は、時代によって変わってきている。一九世紀の中頃、メンデルが遺伝の法則を発見したころは、「緑色」とか「しわがある」といった遺伝的な特徴を規定するための、あくまで概念的な言葉でしかなかった。それが二〇世紀に入り、トーマス・ハント・モーガンらのショウジョウバエを用いた実験により、染色体上における遺伝子の位置が明らかにされたことで、遺伝子は物質的な単位とみなされるようになった。ただし、その頃の研究者のほとんどは、遺伝情報を伝える物質は、複雑な構造をとりうるタンパクであるに違いないと考えていた。

ジョージ・ビードルとエドワード・テータムは、アカパンカビを用いた研究から「一遺伝子一酵素説」を唱え、一つの遺伝子は一つの酵素をコードしていることを示した。そして、その二年後の一九四四年、オズワルド・エイブリーによって、遺伝物質はDNAであるという論文が発表された。地球上のすべての生物において、遺伝情報は核酸の塩基配列に保持されており、ほとんどの生物ではDNAが、インフルエンザなど一部のウイルスにおいてはRNAが、遺伝情報を担っている。

かつては一遺伝子一酵素説であったが、遺伝子がコードするのは酵素だけではなく、その他のいろいろな種類のタンパクもある。そのあたりをふまえて、遺伝子の定義としては、「RN

Aに転写されてタンパクへと翻訳される核酸の領域」が一般的である。「ヒトのゲノムには約二万個の遺伝子がある」という言い方がされるのは、こういう意味においてである。

しかし、リボザイムとよばれる触媒作用をもったRNAが存在することが以前から報告されているし、第5章で紹介するように、タンパクに翻訳されない非コードRNAが遺伝子発現制御に重要な機能を有することが次々と明らかになってきている。これらは、DNAによってコードされる機能単位であるが、タンパクに翻訳されないので、上に述べたような「遺伝子」の定義にはあてはまらない。遺伝子の意味を再考すべきかもしれないが、ここでは便宜上、「タンパクをコードする核酸の領域」という意味で遺伝子という言葉をつかっていきたい。

遺伝子発現のスイッチ

二万個もあるそれぞれの遺伝子は、それぞれに異なった発現調節をうけている。また、細胞分化の面から考えると、細胞の形態や機能は、ある細胞にどのような遺伝子が発現しているかによって規定されている、ということができる。

では、遺伝子の発現はどのようにして調節されているのだろうか？　遺伝子にもいろいろあり、細かいことを書き出すときりがないので、ここでは「エピジェネティクス制御」を理解す

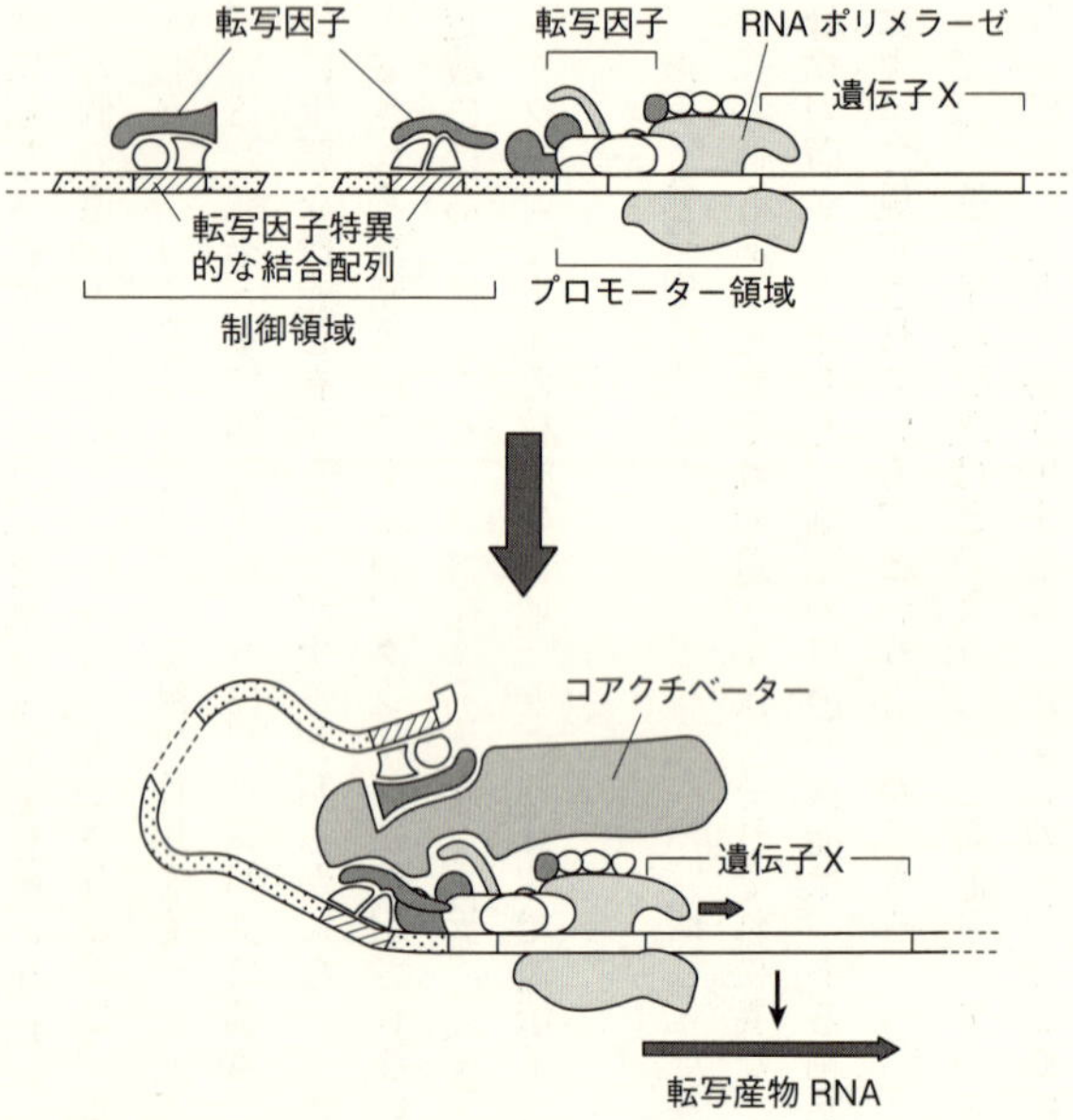

遺伝子の転写調節．転写因子はコアクチベーターを介して，RNA ポリメラーゼによる転写を活性化する

るために必要最低限なことがらにとどめて説明したい。いちばん重要なのは、遺伝子の近傍にあって、その遺伝子が活性化されるかどうか、すなわち、転写されるかどうかを決定するコントロール領域である。そのコントロール領域は、遺伝子のすぐ上流にあるプロモーター領域と、すこし離れたところにある制御領域に分けられる。

遺伝子が活性化される、すなわち、遺伝子DNAの情報が最終的にタンパクに翻訳されるには、まずRNAへ転写される必要がある。転写とは、DNAを鋳型にしてRNAをつくる酵素であるRNAポリメラーゼが、遺伝子の上流から下流へと移動しながら、塩基配列の情報をDNAからRNAへと写し取るプロセスである。そのためには、まず、プロモーター領域へRNAポリメラーゼがリクルートされ(招き寄せられ)、活性化されなければならない。それを調節するタンパクが、転写因子である。

転写因子の多くは、制御領域に存在する特定の塩基配列を認識して結合し、転写のコアクチベーター(補助活性化因子)を介して転写を活性化させる。いうならば、転写因子とは、転写のスイッチとして機能するタンパクである。それぞれの遺伝子の制御領域には、ユニークな塩基配列が存在するので、複数の異なった転写因子がいろいろな組合わせをもって結合する。その結果として、それぞれの遺伝子は特有な転写活性化をうけることになり、細胞系列に特異的な発現調節がおこなわれる。

エピジェネティクス分子機構の基礎

「転写因子によって遺伝子発現が制御される」と述べたが、転写因子だけで制御されているのではなく、転写因子が結合する制御領域側の「状態」も、遺伝子発現に大きな影響を与える。

その制御領域における「状態」こそが、エピジェネティクス修飾だ。そして、その本態とは何かというと、ヒストンの修飾とDNAのメチル化なのである。

DNAの二本鎖は、単独で折りたたまれて染色体を形作っているわけではない。ヒストンというタンパクに巻き付いたうえで折りたたまれている。総延長一・八メートルにもおよぶDNAの二本鎖が、わずか五マイクロメートル（一ミリメートルの二〇〇分の一）程度の直径しかない核の中にもつれずに収納されているのは、ヒストンという「糸車」に巻き付いて、コンパクトに折りたたまれているからである。

しかし、ヒストンの役割は、ただ単にDNAを巻き付けてコンパクトに折りたたむだけではない。いろいろな酵素によって化学修飾をうけることで、転写の調節にも重要な役割をはたしている。ある修飾をうければ転写が活性化されやすくする、あるいは、別の修飾をうければ転写を抑制する、という働きをもつのである。

ヒストン修飾にはいろいろな種類があるが、代表的な修飾の一つは、アセチル化である。そして、アセチル化をうけたヒストンの近くに存在する遺伝子は転写が活性化される。もう一つの重要な修飾はメチル化である。ヒストンのメチル化は、アセチル化に比較してかなり複雑であって、どのヒストンのどの部位がメチル化されるかによって、転写が活性化される場合と不活性化される場合がある。

ヒストン修飾とならんで重要なのが、DNAのメチル化である。DNAを構成する四つの塩基、アデニン(A)、シトシン(C)、グアニン(G)、チミン(T)のうち、シトシンのみがメチル

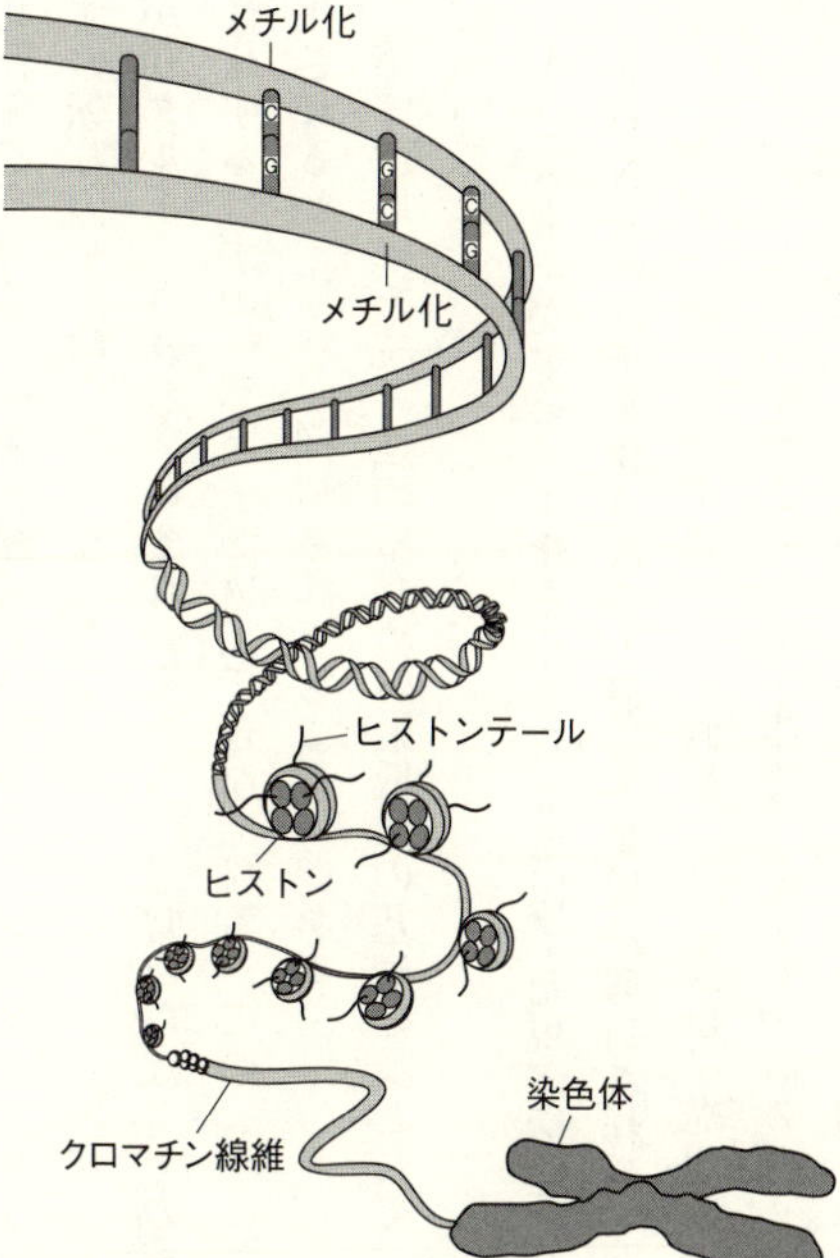

エピジェネティクスの基礎．DNA の 2 本鎖はヒストンに巻き付き，数珠つなぎになっている．ヒストンの 1 巻きをヌクレオソームと呼ぶ．ヌクレオソームが折りたたまれて，クロマチン線維が形成され，染色体が構成される．ヒストンはいろいろな酵素により化学修飾をうけることで，転写の活性化と抑制に重要な役割をはたす

化修飾をうける。制御領域におけるシトシンがメチル化をうけると、本来ならば結合できるはずの転写因子が結合できなくなる。あるいは、メチル化シトシンに特異的に結合するタンパクがリクルートされる。いずれの場合も、通常ならば、その部位の塩基配列を認識して転写を活性化するはずの転写因子が機能できなくなる。このようにして、制御領域のシトシンがメチル化されると、転写が抑制されてしまうのである。

第3章以降を読み進めるための最低限の基礎知識として、次のことだけはしっかり頭に入れておいてほしい。

① ヒストンがアセチル化をうけると遺伝子発現が活性化される

② DNAがメチル化されると遺伝子発現が抑制される

この二点が、エピジェネティック修飾による遺伝子発現制御の基礎の基礎である。

さて、これ以上ややこしい分子生物学の話など読みたくないという人は、次の第3節と第4節はすっと飛ばしてもらっていい。ここから一気に第3章に飛んで読んでもらっても大丈夫である。しかし、より深く理解したいと思う人は、この章の残りもぜひ読んでいただきたい。

3　ヒストンの修飾

ヒストンコード

ヒストンには、H1、H2A、H2B、H3、H4の五種類のタンパクがある。そのうちのH2A、H2B、H3、H4、それぞれが二個ずつ集まって、計四種類八個のタンパクからなるヘテロ八量体（ヘテロとは違う種類のタンパクが、それぞれ集合していることを意味する）を形成し、八量体とは八個のタンパクが、図のようにコアヒストンを構成する。DNAの二本鎖は、そのコアヒストンに約一・七回（長さにして約一五〇塩基対）巻き付いている。

クロマチン．ヒストンテールが，アセチル化（Ac），メチル化（Me），リン酸化（P）などの修飾をうける

DNAとコアヒストンとの複合体をクロマチンという。以前は、クロマチンは単にDNAをコンパクトに折りたたむために存在すると考えられていたが、これから紹介するように、ヒストンがいろいろな化学修飾をうけることにより、クロマチンの構造はダイナミックに変化し、遺伝子の発現やDNA複製などにおいて積極

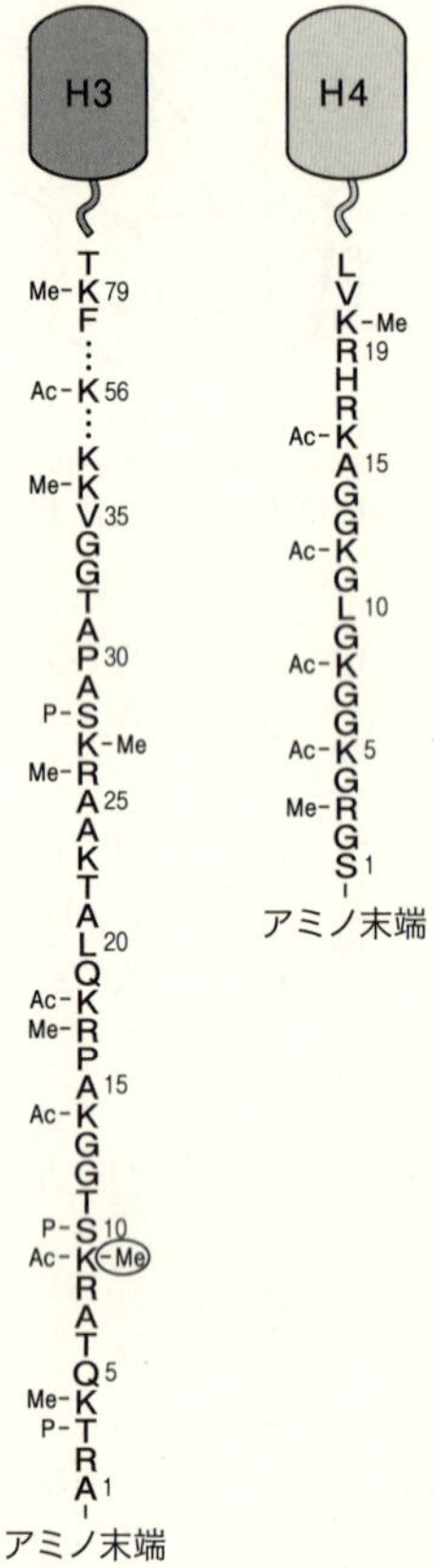

ヒストンコード．ヒストンH3とH4の一例．アセチル化はリジン(K)にアセチル基(Ac)が，メチル化はリジン(K)あるいはアルギニン(R)にメチル基(Me)が付加される修飾である

的に機能することがわかってきている。

エピジェネティックな遺伝子発現制御の観点から重要なのは、ヒストンの修飾である。タンパクには方向性があって、コードする遺伝子DNAの5′から3′への方向性と対応し、アミノ末端からカルボキシ末端へと合成される（43ページ図参照）。コアヒストンの図を見てもらうと、中心から、そのアミノ末端側が突き出ているのがわかる。アミノ末端側は合成の方向性からいうと頭側になるが、コアヒストンからは尻尾（テール）のように出ているので、ヒストンテールと呼ばれている。

ヒストンテールは何種類もの化学修飾をうけ、その修飾の組合わせによって、近傍にある遺伝子の発現が影響をうける。エピジェネティクスについて最初に考えたワディントンの「それぞれの表現型を示すようになる過程において、遺伝子がその産物とどのように影響し合うのか」という言葉を思い出してほしい。ヒストンはもちろん遺伝子の産物であるから、少しあまいけれども、「その産物」をヒストンと置き換えてみても誤りではない。そうすると、半世紀以上も前に、物質的な基盤なしに想起されたワディントンのアイデアが証明されたと考えることも可能である。さすがはワディントン、やはり慧眼であった。

一発で現象を象徴できるネーミングは、それだけで一つの大発見に匹敵するほどのインパクトをもたらすことがある。この「ヒストン修飾が遺伝子発現を制御する」というアイデアは、ヒストンコードと名付けられた。コードとは、広辞苑によると、「情報を表現する記号・符号の体系」を意味する。だから、ヒストンコードという言葉を聞いただけで、「そうか、ヒストンはコードをもつのか」と、なんとなくわかったような気になってしまうほど、ど真ん中ストライクの命名である。

しかし、そのコードの体系は、前頁の図にあるように、非常に複雑だ。まずひとつに、コアヒストン四種類のどのヒストンが修飾されるかという点がある。いずれのヒストンタンパクも修飾をうけるが、エピジェネティクス制御においてとくに重要なのは、Ｈ３とＨ４である。タンパクは二三種類のアミノ酸で構成されており、それぞれのアミノ酸には、リジンはK、アルギニンはRなど、アルファベット一文字の略号がつけられている。また、タンパクを構成するアミノ酸は、そのアミノ末端側から順に番号がつけられている。だから、たとえば、「H3K9の修飾」といえば、「ヒストンH3のアミノ末端から9番目にあるリジンの修飾」という意味になる(52ページ図の○印)。

もうひとつの重要な点は、ヒストンがどのような修飾をうけるか、ということである。ヒストンがうける修飾には、修飾基の種類によってアセチル化、メチル化、リン酸化、ユビキチン化などがある。ヒストンコードにとってとりわけ重要なのは、このうちのアセチル化修飾とメチル化修飾である。ここでは、この二つについて話を進めていくことにする。

アセチル化はリジンにアセチル基が、メチル化はリジンあるいはアルギニンにメチル基が付加される修飾である。これらの修飾は、それぞれ特異的な酵素によっておこなわれる。アセチル基は一個だけしか付加されないが、メチル基は一つ、二つ、三つの場合がある。たとえば、H3K9にメチル基が一つ、二つ、三つと付加している状態を、それぞれ、モノメチル化、ジメチル化、トリメチル化と呼び、それぞれ、H3K9me、H3K9me2、H3K9me3と表記する。

ヒストン修飾が遺伝子発現の活性化に関係しているのか、あるいは抑制に関係しているのか、代表的な修飾を簡単に示したのが、上の表である。アセチル化は、すべてが活性化であるのに対して、メチル化は、修飾されるリジン残基やメチル化の数によって活性化する場合と抑制する場合があるので、相当にややこしい。まずは、比較的単純なアセチル化から説明しよう。

代表的なヒストン修飾と，転写の活性化・抑制化の関係

	H3K4	H3K9	H3K27	H3K79
モノメチル化	活性化	活性化	活性化	活性化
ジメチル化		抑制化	抑制化	活性化
トリメチル化	活性化	抑制化	抑制化	活性化
アセチル化		活性化	活性化	

ヒストンのアセチル化は転写活性化

ヒストンは、リジンやアルギニンといった塩基性のアミノ酸をたくさん含んでいるために正の電荷を帯びており、負の電荷をおびたＤＮＡと強く結合している。しかし、リジンにアセチル化が生じると、その電気的な性質が中和されるため、ヒストンとＤＮＡの結合が弱くなる。逆に、脱アセチル化されてアセチル基がはずれると、ヒストンとＤＮＡの結合が強くなる。

前者のような場合には、クロマチン構造がゆるんで転写が活性化される。かつては、このような状況を、「クロマチンがオープンになる」

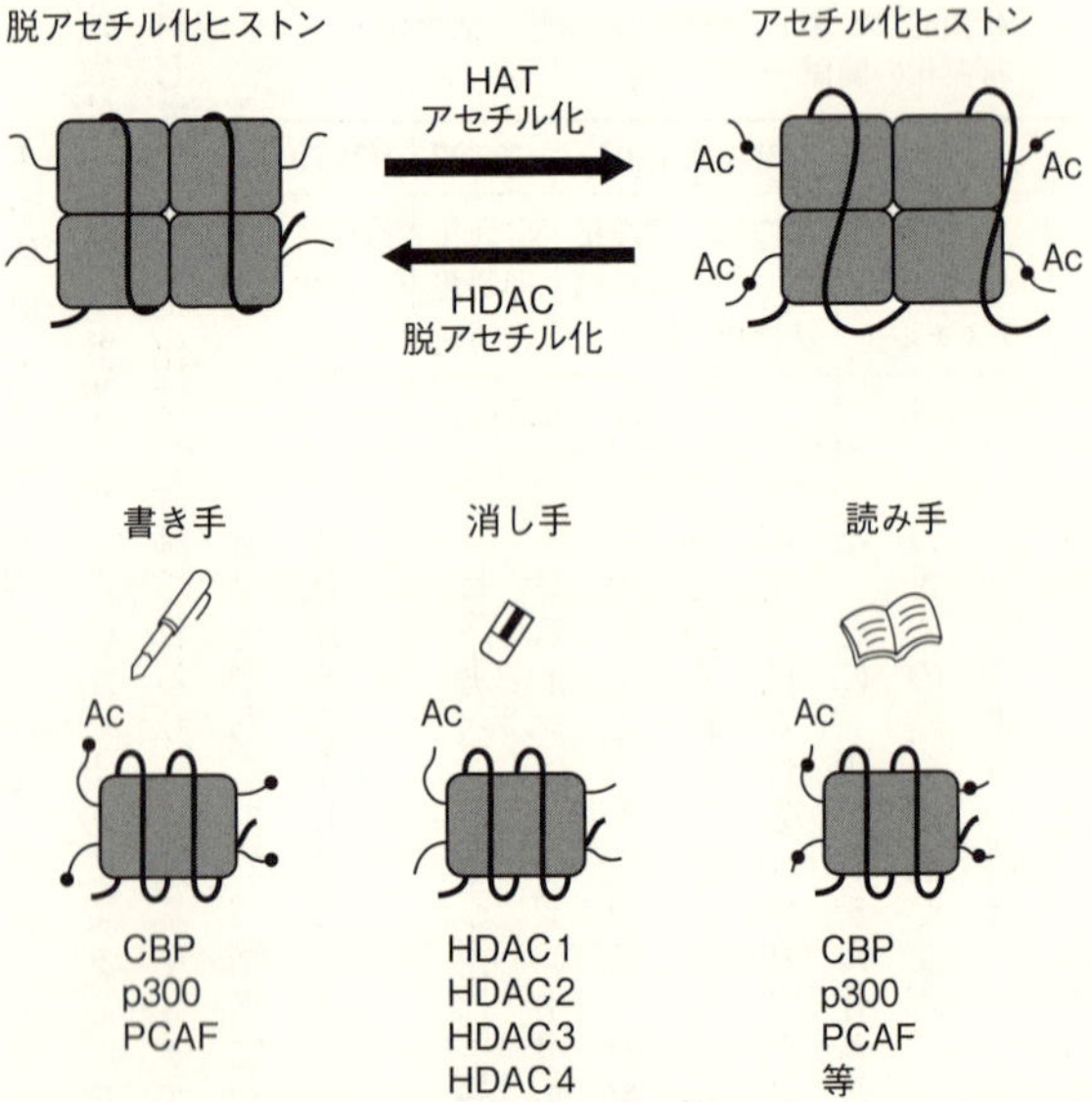

ヒストンのアセチル化による遺伝子発現制御．上図：HAT および HDAC によるヒストン修飾の制御．下図：アセチル化ヒストンの，書き手，消し手，と読み手

というような言い方でアセチル化の機能が解釈されていた。しかし、それだけでなく、アセチル化されたヒストンに特定のタンパクがリクルートされて、より積極的に転写が活性化されることもわかってきた。このようなタンパクは、アセチル化の情報を読み取るという意味で「読み手」と呼ばれることもある。

ヒストンのアセチル化には、読み手だけではなく、「書き手」と「消し手」もある。書き手とは、ヒストンのリジンにアセチル基を付加する酵素（ヒストンアセチル基転移酵素）である。消し手とは、アセチル基を除去する酵素（ヒストン脱アセチル化酵素）である。ヒストンアセチル基転移酵素とヒストン脱アセチル化酵素は、それぞれの頭文字をとってHATとHDACと略されることが多い。この二つはこれから頻繁に出てくるので、よく覚えておいていただきたい。

ヒストン脱アセチル化酵素の阻害剤（HDAC阻害剤）を投与すると、脱アセチル化が阻害される。すなわち、アセチル化の作用としてはマイナス×マイナス＝プラスになるので、ヒストンのアセチル化が増加して、その結果、転写が活性化に傾く。第3章以降に紹介する、ヒストンアセチル化の機能を解析する研究において、HDAC阻害剤は頻繁に登場するので、これもしっかり覚えておいてほしい。

書き手と消し手、すなわち、ヒストンアセチル基転移酵素とヒストン脱アセチル化酵素は、いずれも、どのヒストンのどのリジン残基を修飾するか、という特異性があまり高くない。だから、種類はそれほど多くない。では、読み手のタンパクは何をするのかというと、アセチル化されたヒストンに結合して、その情報を読み取って機能する、すなわち、転写を活性化するのである。

図を見ると、読み手と書き手に同じ名前があることに気づかれるだろう。誤植のように見えるが、そうではない。CBP、p300というようなタンパクは読み手であると同時に、書き手なのである。また、CBPやp300は、読み手かつ書き手であるだけでなく、転写因子と結合して機能する転写のコアクチベーターでもある(46ページ図参照)。

CBPやp300は、コアクチベーターとして転写因子に結合することにより、RNAポリメラーゼに働きかけて転写を活性化する。それだけでなく、読み手としてアセチル化ヒストンに結合することによっても、転写制御領域にリクルートされる。そして、書き手として、HAT活性により周囲のヒストンをさらにアセチル化する。このように、CBPやp300は、エピジェネティクス的に、ヒストンアセチル化に正のフィードバックをもたらすのである。じつにうまくできた仕組みだとは思われないだろうか。

ヒストンのメチル化は複雑である

アセチル化とおなじように、メチル化においても、書き手と消し手と読み手が存在する。アセチル化の場合は、HATやHDACの基質に対する特異性があまり高くないので、種類はそれほど多くはなかった。それに対して、メチル化は、たとえば、H3K9に特異的にメチル基を付加する酵素である、とか、H3K9me3を特異的に脱メチル化する酵素である、とかいうように、ヒストンの特定の場所のリジンに特異的な書き手や消し手が存在する。したがって、ヒストンのメチル化を制御する酵素の種類は相当に多く、アセチル化にくらべてかなり複雑な制御をうけている。

すべてわかっているわけではないが、それぞれのメチル化修飾に対する読み手も存在する。あるメチル化修飾に結合する読み手は遺伝子発現を活性化し、別のメチル化修飾に結合する読み手は遺伝子発現を抑制する、というように、遺伝子発現の活性化や抑制がおこなわれる。

活性型メチル化修飾のうち、代表的なものは、トリメチル化Ｈ３Ｋ４とトリメチル化Ｈ３Ｋ３６である。名前が示すように、それぞれＨ３Ｋ４とＨ３Ｋ３６にメチル基が三個付加される、という修飾だ。これらの修飾は、ＲＮＡポリメラーゼに働きかけて転写を活性化する。

トリメチル化されたＨ３Ｋ９は、遺伝子発現が抑制されたヘテロクロマチン領域に多く存在する典型的な抑制型ヒストン修飾であり、ヘテロクロマチンタンパク１（ＨＰ１）というタンパクを読み手としてリクルートする。ＨＰ１はＤＮＡをメチル化する酵素やヒストン脱アセチル化酵素に結合し、ＤＮＡのメチル化やヒストンの脱アセチル化をひきおこし、結果として転写を抑制する。もう一つの典型的な抑制型ヒストン修飾であるトリメチル化Ｈ３Ｋ２７は、おそらく、ヒストンのアセチル化の阻害や、ＲＮＡポリメラーゼの制御を介して遺伝子発現を抑制すると考えられている。

それぞれの細胞において、どの遺伝子の発現が活性化され、どの遺伝子の発現が抑制化されているかは決まっている。したがって、通常は、ある細胞を取ってきて、それぞれの遺伝子のコントロール領域を調べると、活性型ヒストンか抑制型ヒストンのいずれかが多く存在し、活性化か抑制化のいずれかの状態になっている。

バイバレント制御

しかし、多能性幹細胞であるES細胞やiPS細胞においては状況が少し異なっている。これらの細胞では、発生に関係する遺伝子のコントロール領域において、活性型の修飾であるトリメチル化H3K4と抑制型の修飾であるトリメチル化H3K27の両方が存在するという不思議な状態になっているのである。このような状態は、相反する二つの状態が同居しているので、化学用語で「二価」を意味するバイバレントという言葉があてられている。

バイバレントな状態にある遺伝子は、すぐに活性化できるような状態を保ちながら抑制されている、と解釈することができる。すなわち、多能性の状態では抑制されているが、いったん細胞の分化が開始されるとすぐに、これらの遺伝子は活性化できるように準備されているのだ。

どのようにして、このバイバレントな状態が確立されるのかはわかっていないが、ヒストンコードがじつに見事に機能していることを示す例である。

二メートル近いDNAに二万個もの遺伝子が散在しており、そのDNAが狭い核の中に詰め込まれている。二メートルといえば短いように思うけれど、六〇億塩基対がならんでいるのであるから、ミクロ的にはどこから読めばいいのかわからない。ヒストン修飾とは、それを整理するために、「この遺伝子は読み出してくださいよ」「この遺伝子は読んではいけませんよ」ということを示す付箋であるとイメージしたらわかりやすいかもしれない。バイバレントな状態はさしずめ、「いまは読んではいけないけれども、すぐに読む必要がありそうですよ」ということを示す状態、とでも言えばいいだろうか。

4　DNAのメチル化

DNAメチル化酵素

ヒストン修飾にはいろいろな種類があるのに対して、DNA修飾の基本はメチル化である。DNAは、アデニン(A)、シトシン(C)、グアニン(G)、チミン(T)の四種類の塩基からでき

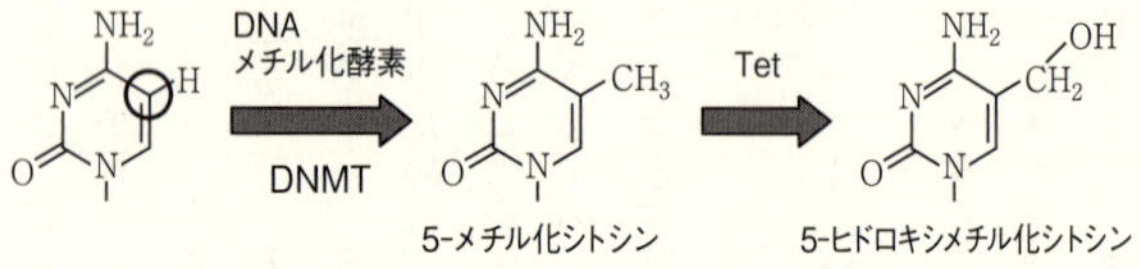

DNA のメチル化．シトシンおよびその修飾

ている。メチル化を受けるのは、このうちのシトシンである。図中の丸で囲った「5位」という部位にメチル基の付加したものが、メチル化シトシンである。

メチル基は、炭素原子が一個と水素原子が三個であるから、たいして大きなものではない。そんなものがくっついただけで遺伝子発現が抑制されてしまうというのは、不思議な感じがする。けれども、エピジェネティクス制御において、メチル化シトシンは、A、C、G、Tに次いで「第五の塩基」と呼ばれることもあるほどに、非常に重要な役割をもっている。

すべてのシトシンがメチル化を受けるわけではない。DNAには、その化学的性質によって5′から3′へという方向性があり、DNAが複製されるときも、RNAへと転写されるときも5′側から3′側へと合成されていく。A、C、G、Tのうち、CとGが5′側から順に並んで存在する場合は、CとGの間にリン酸基(p)が存在することから、CGの方向性を示すために、より正確にCpG配列と呼ばれる。この配列があった場合に、酵素の働きでシトシンがメチル化をうけることがあるのだ。

植物では他の塩基配列のシトシンにもメチル基が入るが、ほ乳類ではCpGのシトシンにメチル基が入ることがほとんどである。DNAの二重らせんでは、Cの相手側がG、Gの相手側がCであるから、CpGという配列は、反対側のDNA鎖でもCpGになっている。DNAがメチル化された状態とは、通常、二重らせんの片側だけではなく、両側のシトシンがメチル化された状態をいう。

DNAをメチル化する酵素、すなわち、DNAメチル化の「書き手」は、DNAメチル基転移酵素(DNMT)と名付けられている。DNMTには、DNMT1、DNMT2、DNMT3がある。さらに、DNMT3にはaとbというサブタイプがあり、それらと協調して機能するDNMT3Lというタンパクもある。ややこしいので、とくに必要のないかぎりは、全部ひっくるめてDNMT3と呼ぶことにする。

DNMT1とDNMT3はDNAメチル化の書き手であるが、DNMT2は看板に偽りがあって、DNAをメチル化する機能はなく、RNAをメチル化する酵素である。さきに紹介したヒストン修飾の書き手には、メチル化だけでも実に様々な酵素があるのに対して、DNAメチル化の書き手は、おおまかにはDNMT1とDNMT3の二種類しかない。

DNAメチル化は、新規メチル化と維持メチル化に分けることができる。新規メチル化とは、

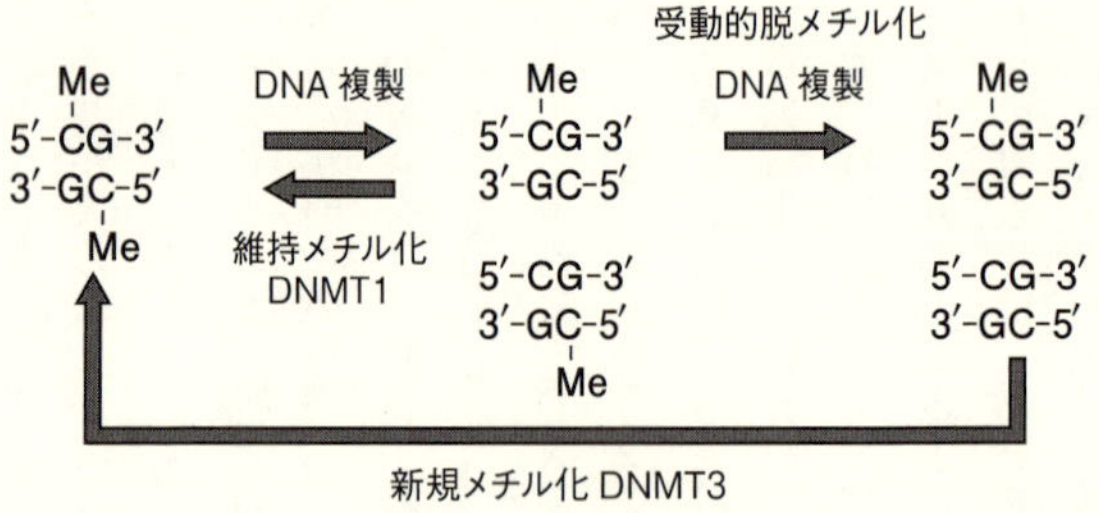

DNA のメチル化と脱メチル化

メチル化されていないDNAに、新しくメチル基が付加される反応であり、DNMT3によっておこなわれる。そのため、DNMT3は新規DNAメチル化酵素と呼ばれることもある。

それに対して、維持メチル化は、DNAが複製されるときに、すでに存在しているDNAメチル化が維持される現象である。エピジェネティクスの定義に、「エピジェネティックな状態は細胞分裂を経ても安定して引き継がれうる」とあったことを思い出してほしい。細胞の表現型をエピジェネティクス制御で維持するには、DNAのメチル化も維持されなければならず、その任にあたるのが維持メチル化酵素DNMT1なのである。

メチル化されたDNAが複製されるとき、どのようにメチル化が維持されるのであろうか。メチル化DNAは、二本鎖の両方がメチル化された状態にある。そのDNAが複製されると、もとからあったDNA鎖はメチル化をうけているが、新しく合成されたばかりのDNA鎖にはメチル基が付いていない。このような状態のDNAは、片側だけがメチル化されているという意味で、ヘミメチル化DNAとよばれる。そのヘミメチル化DNAに特異的に結合するタンパクが、維持メチル化酵素であるDNMT1などをリクルートすることにより、反対側のDNA鎖のシトシンにメチル基が付加されるのである。

DNMT1が存在しない細胞ではどうなるかを考えてみよう。そのような細胞では、DNAが複製されて、一つの細胞が二つになったとき、鋳型になった側のDNAはメチル化されているが、新しく合成された側のDNAはメチル化されていない、という状態になる。さらにその細胞が二つになると、片側のDNAだけがメチル化された染色体と、両側ともメチル化されていない染色体が半分ずつ存在する状態になる。

さらに、この細胞が分裂すると、メチル化されたDNAの量が、さらに半分に半分にというように減少していく。このように、維持メチル化酵素DNMT1が存在しない場合には、倍々ゲームでDNAの脱メチル化が進行していくのである。この脱メチル化は、DNAの複製および細胞分裂によって受動的にひきおこされることから、受動的DNA脱メチル化と呼ばれる。これに対して、DNA複製や細胞分裂に依存しない、能動的DNA脱メチル化というものもある。これについては後述する。

DNAのメチル化は転写抑制

ゲノムの他の領域に比べて、CpG配列を比較的多く含む領域を、CpGアイランドという。CpGアイランドは遺伝子発現を制御する領域に多く存在し、ほ乳類の制御領域の約四〇％にCpGアイランドが存在するとされている。その制御領域のCpGにあるシトシンがメチル化されたとき、遺伝子の発現が抑制される。

さきに述べたように、遺伝子の制御領域には塩基配列を特異的に認識する転写因子が結合し、遺伝子発現を活性化する。その制御領域のDNAがメチル化をうけると、転写が抑制されるのだが、それには二通りの場合がある。ひとつは、シトシンがメチル化をうけて構造が変化するために、転写因子がその領域に結合できなくなり、遺伝子の転写がおこなわれなくなるというメカニズムである。もうひとつは、メチル化DNAの「読み手」であるメチル化CpG結合タンパク(MBD)を介したメカニズムである。

MBDは、メチル化されたCpGに結合して、単に転写因子の結合を阻害するだけではない。さらに、転写を抑制する機能をもったタンパクをリクルートするのである。たとえば、MBDによってヒストンを脱アセチル化する酵素活性をもつタンパクがリクルートされ、その結果、ヒストンの脱アセチル化が生じ、転写がさらに抑制される、というわけである。また、クロマチンには、転写が活性化された状態であるユークロマチンと、不活性化された状態のヘテロクロマチンとがあるが、ＭＢＤにはヘテロクロマチン化をうながして転写を抑制するという働きもある。

ヒストンコードによる遺伝子発現制御では、修飾されたヒストンが、遺伝子読み出しの付箋のように働いているという喩えをした。それに対して、ＤＮＡメチル化は、制御領域に書かれている情報をメチル基で塗りつぶしてしまった「伏せ字」のようなものと考えればいいだろう。伏せ字になってしまっているために、転写因子がその領域を読めなくなる。あるいは、伏せ字に引き寄せられて読み手のタンパクＭＢＤがやってきて、さらに「読むな」というヒストン修飾の付箋をつけるのである。

アザシチジンと細胞分化

阻害剤を用いた研究は、生命科学研究の多くにおいて非常に有用であり、エピジェネティクス制御の研究も例外ではない。ＤＮＡメチル化を阻害する化合物として、古くからアザシチジンが知られている。次ページの図にあるように、この阻害剤は、糖であるリボースにシトシンが結合したシチジンに類似した構造をしている。しかし、よく見ると、図中の丸印のように、本来、シトシンでは炭素(C)であるべきところが窒素(N)に置き換えられている。そのために、アザシチジンは、シチジンとまちがわれてDNAに取りこまれ、DNMTの作用を阻害する。

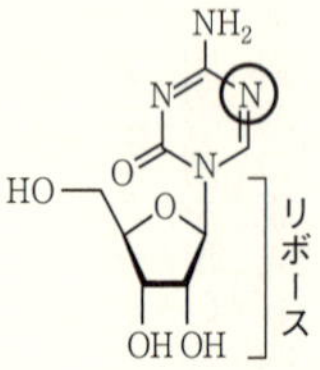

アザシチジンの構造

　細胞分化の金字塔とでもいうべき歴史的研究が、この化合物を用いておこなわれた。マウスの胎仔から樹立された、これといった特徴をもたない線維芽細胞の培養液にアザシチジンを添加すると、骨格筋の細胞に分化することがわかったのだ。この結果は、DNAメチル化が阻害され、メチル化レベルが低下することにより、遺伝子発現が変化し、骨格筋細胞への分化が生じることを示している。

　この研究は、DNAメチル化状態の変化がいくつかの遺伝子の発現を活性化して、細胞分化が進行するという仮説を生んだ。その仮説にもとづいて研究が進められた結果、MyoD(マイオーディーと読む)という転写因子がクローニングされた。驚いたことに、MyoD遺伝子を発現させるだけで、線維芽細胞を骨格筋細胞に変身させることができたのである。たった一個の転写因子で特定の細胞へと分化誘導させることができるという画期的な成果は、細胞分化研究のあり方を一変させたといってもいいほどのインパクトがあった。

アザシチジンは、このような画期的な研究成果へとつながったDNMT阻害剤であり、骨格筋細胞以外にもいろいろな細胞の分化研究に使われてきた。それだけではない。最近では、ある種の白血病の治療に有効であることもわかっている。これについては、第4章でくわしく述べてみたい。

塩基配列を薬剤によって変換すること、すなわち、ジェネティクスを薬剤によって制御することはできない。しかし、エピジェネティクスは、薬剤によってある程度はコントロールすることが可能である。このように、薬剤による制御が可能かどうかということも、ジェネティクスとエピジェネティクスの大きな違いなのである。

発生・分化とDNAのメチル化

たった一個の受精卵からわれわれの体が作られてくる。これは、受精卵はすべての細胞に分化しうる、すなわち、細胞分化における全能性を有している、ということを意味している。初期胚におけるDNAメチル化レベルは非常に低い。しかし、発生・分化が進行するにつれて、それぞれの細胞に特有のDNAメチル化パターンが刻み込まれていく。細胞分化とは、白い紙にいろいろな絵が描かれていくように、DNAメチル化がほとんどない状態から、細胞系列特有のＤＮＡメチル化パターンが描かれていく過程でもあるのだ。

発生・分化の過程において、ＤＮＡメチル化が非常に重要であることはまちがいない。新規ＤＮＡメチル化酵素であるＤＮＭＴ３を欠損するマウス、あるいは、維持メチル化酵素であるＤＮＭＴ１を欠損するマウスは、正常に発生できない。この実験からだけでも、ＤＮＡメチル化制御が正常な発生・分化に必須であることは明白である。また、アザシチジンを用いた細胞分化の実験も、細胞分化におけるＤＮＡメチル化制御の重要性を示している。

では、ＤＮＡメチル化パターンはどのようにして成立していくのであろうか？　残念ながら、この分子機構についてはほとんどわかっていない。新規ＤＮＡメチル化であるから、酵素としてＤＮＭＴ３が必要であることはまちがいないし、実際にＤＮＭＴ３に異常があると正常なＤＮＡメチル化パターンができてこない。しかし、細胞分化にともなって、ＤＮＭＴ３がどのようにして、ＤＮＡメチル化を生じさせるべき場所へとリクルートされるのかは、いまのところほとんどわかっていないのである。

章のはじめに述べたように、精子および卵子という生殖細胞は、体細胞とは一線を画す細胞である。同時に、すでに分化した細胞であり、それぞれ特有のＤＮＡメチル化をうけている。しかし、精子と卵子が融合して受精卵になると、性質は一変しなければならない。なぜならば、すべての細胞に分化できる能力、全能性を獲得しなければならないからである。

では、ＤＮＡメチル化の観点から見ると、何が生じているのであろうか？　受精後すぐにゲノム全体にＤＮＡ脱メチル化が生じて、ほとんどの遺伝子のＤＮＡメチル化が消去されるのだ。このようにして、分化した状態から全能性へと、エピジェネティックな状態が初期化、あるいはリプログラミングされる。合目的的な言い方になるけれども、受精により全能性を獲得するためには、いろいろな細胞特有のＤＮＡメチル化状態をあらためて書き込むために、ＤＮＡメチル化をガラガラポンとまっさらに近い白紙に近い状態にしてやることが必要なのである。

少し細かいことになるが、受精後、ＤＮＡのメチル化が完全にゼロになるわけではない。前核の移植実験のところで述べたように、インプリンティング遺伝子ではＤＮＡのメチル化が維持される。また、第3章で説明するレトロトランスポゾン遺伝子にも、ＤＮＡ脱メチル化から免れるものがある。

受精によりゲノム全体に生じるＤＮＡ脱メチル化、すなわち、グローバルなＤＮＡ脱メチル化は、ＤＮＡメチル化が発生・分化にともなって最もダイナミックに変化する現象である。受精直後にゲノム全体でＤＮＡの脱メチル化が始まるが、父親由来のゲノムと母親由来のゲノムでは、脱メチル化の生じ方に違いがある。そのタイミングが、父親由来の方が早く、母親由来

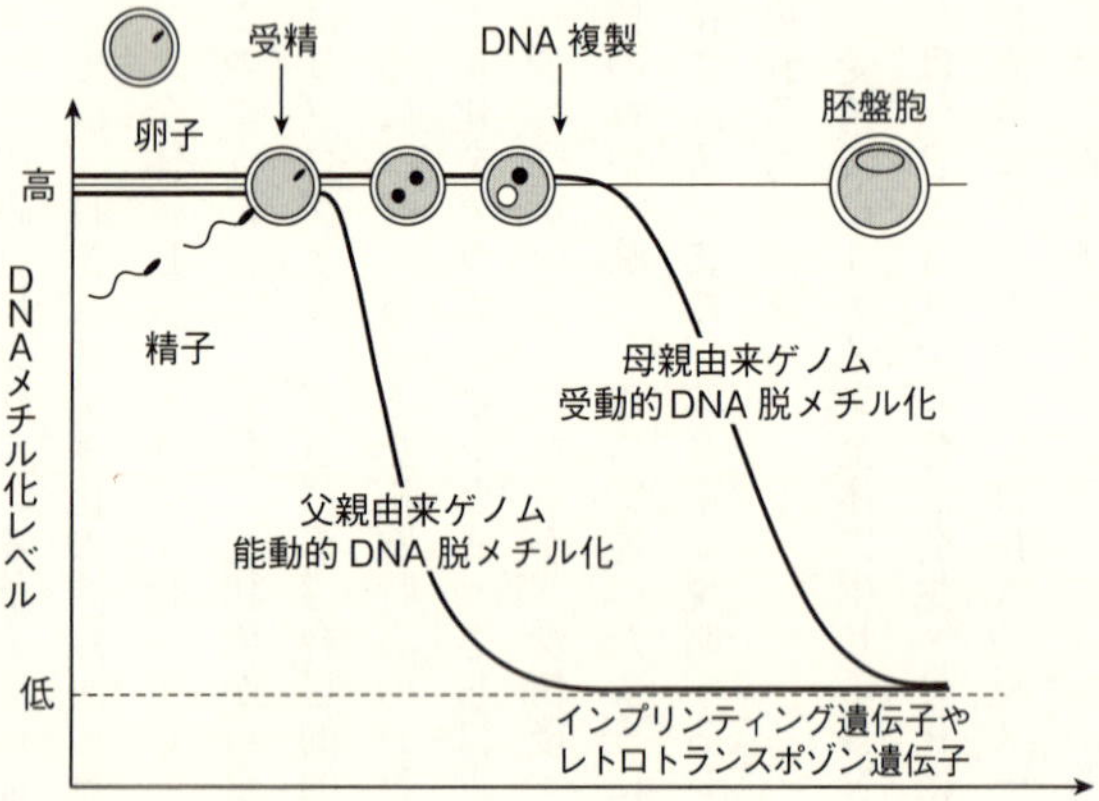

グローバルな DNA 脱メチル化．受精直後にゲノム全体に DNA 脱メチル化が生じる．父性ゲノムは能動的，母性ゲノムは受動的な脱メチル化をうける

の方が遅いのだ。

母親由来のゲノムは、DNA複製が開始されてから脱メチル化が進行する。この段階の細胞には、維持メチル化酵素DNMT1が核の中に存在しないために、受動的脱メチル化で説明が可能である。しかし、図からわかるように、父親由来ゲノムのDNA脱メチル化は、DNA複製が開始される前から始まっている。これは、DNA複製とは関係なしに、脱メチル化が受動的ではなく能動的に生じていることから、能動的なDNA脱メチル化によるということができる。

能動的なDNA脱メチル化がどのようにして生じるかは、長いあいだ謎であった。DNAメチル化の「消し手」がなかなか見つからなかったのである。その間、グローバルなＤＮＡ脱メチル化機構については、数多くの説が提示され、否定されていった。しかし、最近になり、いよいよ多くの研究者が納得できるデータが提示されるようになった。

ヒドロキシメチル化シトシンの発見

それは、二〇〇九年、サイエンス誌に発表された二つの論文が始まりであった。一つの論文は、シトシンの修飾には、メチル化だけではなく、ヒドロキシメチル化も存在することを示していた。そして、もう一つの論文は、Ｔｅｔというタンパクが、メチル化シトシンをヒドロキシメチル化シトシンに変換する酵素活性を有していることを報告していた(62ページの図参照)。

研究は、けっして一定のスピードで進むものではない。ある発見がなされると、そこから爆発的な進展が始まることがある。これらの論文を読んだ、受精卵における能動的脱メチル化を追っていた多くのグループ(我々のグループも含めて、世界中のすべてのグループと言ってもいいかもしれない)が、Ｔｅｔ、およびＴｅｔによって産生されるヒドロキシメチル化シトシンが能動的脱メチル化にとって重要である、という仮説にもとづいて研究を開始した。そうなると話は早い。次々と論文が発表され、細部で異論は残るものの、能動的脱メチル化にはＴｅｔが重要であるという考えが、またたく間に受け入れられていった。

Ｔｅｔには、Ｔｅｔ1からＴｅｔ3まで、三つの種類がある。受精卵で大量に発現しているのはＴｅｔ3である。メチル化シトシンからシトシンになるまでのすべてのプロセスをＴｅｔ3が触媒するわけではない。しかし、その最初のステップは、Ｔｅｔ3によるメチル化シトシンからヒドロキシメチル化シトシンへの転換であることはほぼ間違いない。受精直後におけるグローバルな能動的ＤＮＡ脱メチル化において、完全な消し手ではないけれど、とりあえず消しにかかる第一段階を請け負っているのが、Ｔｅｔ3だったのだ。

これらの研究から、ＤＮＡの修飾には、シトシンにはメチル化だけでなくて、ヒドロキシメチル化、さらに、カルボキシシル化、フォルミル化といった修飾もあることが明らかになった。しかし、メチル化修飾以外は量的にも少ないし、生物学的な役割はほとんどわかっていない。現状では、機能が確認されているＤＮＡ修飾は、シトシンのメチル化による転写抑制だけと考えておいていいだろう。

生殖細胞の分化

ＤＮＡのメチル化状態が、初期発生とならんでダイナミックに変化するのは、生殖細胞の分化である。生殖細胞は、発生の比較的早い段階において体細胞との運命が分かれ、未分化な生殖細胞である始原生殖細胞として出現する。一般に、細胞分化では、DNAメチル化は受精卵における低いレベルから次第に高くなっていく。しかし、生殖細胞の分化では、始原生殖細胞の段階において、それまでにいったん生じたメチル化DNAが再度、脱メチル化をうける。

さきに述べたように、インプリンティング遺伝子のDNAメチル化状態は父と母から受け継がれ、受精後の発生過程においても維持されている。すなわち、一つの細胞では、父型と母型のインプリンティングパターンが、一対の染色体それぞれに刻まれているのである。これがそのまま精子と卵子にうけつがれると、おかしなことになってしまう。第1節で述べたように、インプリンティング遺伝子のエピジェネティックな状態は、精子ではすべてが父型、卵子ではすべてが母型、というパターンになるはずなのである。

そのためには、DNAのメチル化を一度消去する必要があり、始原生殖細胞の段階において、ゲノム全体にグローバルなDNA脱メチル化が生じるのだ。この場合は受精卵の場合とはちがい、インプリンティング遺伝子も脱メチル化をうける。次の段階として、精子および卵子の分化にともなって、それぞれに特異的なDNAメチル化が生じていく。そして、その際に、インプリンティング遺伝子には、雄と雌で異なったパターンのDNAメチル化がきざまれ、ゲノム刷り込みが生じるのである。

このように、体細胞では、受精卵の段階から徐々にDNAメチル化が進行していくのに対して、生殖系列では、始原生殖細胞の段階において、いったんほぼ完全なDNA脱メチル化が生じる。体細胞と生殖細胞は、遺伝情報を次世代に伝えるかどうか、減数分裂をおこなうかどうかだけではなく、細胞分化におけるエピジェネティクス制御の観点からも大きく異なっているのである。


さて、これでこの章はおしまいである。エピジェネティクス制御の分子機構の概略をご理解いただけたであろうか？　エピジェネティクス制御は、DNAのメチル化とヒストン修飾による遺伝子発現制御であるとも定義できる。むしろ、そう考えた方がすっきりする。そのように理解していただけたら、うれしいところである。

筋トレのような基礎勉強は以上で終わりにして、次章からは、応用編にはいっていく。エピジェネティクスは、どのような生命現象や病気に関係しているのか。知れば知るほど、エピジェネティクスの面白さがわかってくるだろう。

第3章　さまざまな生命現象とエピジェネティクス

植物、昆虫、ほ乳動物において、エピジェネティクスが関係している面白い事例をいくつか紹介していく。それぞれの現象が、どの程度エピジェネティクスの言葉で理解されているのか、第1章で述べた関連性の強さを考えながら、そして、第2章で概説したエピジェネティクスの分子基盤を思い出しながら、読み進めていただきたい。

1　植物だってエピジェネティクス

動く遺伝子

遺伝子の本体がDNAであることを見つけたのは、かつて野口英世が活躍した、ニューヨークにあるロックフェラー研究所のオズワルド・エイブリーであった。いまのように抗生物質がなかった当時、肺炎をひきおこす細菌である肺炎双球菌は、多くの人を死にいたらしめる恐るべき病原菌であった。その毒性研究をこつこつと続けるうちに、エイブリーは遺伝子の本体がDNAであることを見出し、一九四四年にその偉大な成果を発表した。

と、このように、遺伝子がDNAであることを発見したのはエイブリーであると、どの教科書にも書いてある。しかし実際は、DNAのように構造的に単純な物質が、複雑な機能をもった遺伝子であるはずがないと、その発見は長年受け入れられなかった。ノーベル賞を受賞してもおかしくない大発見であったが、残念ながら、広く認められる前にエイブリーは亡くなってしまった。

同じように、長い間、そのオリジナリティーの高さゆえに、広くうけいれられなかった発見がある。幸い、その研究者は、発表から三〇年以上たってノーベル医学生理学賞に輝いた。孤高の女性研究者、バーバラ・マクリントックである。オランダがナチスの食糧封鎖をうけていたころ、マクリントックは、大西洋を隔てたアメリカ東海岸、ニューヨーク近郊にあるコールド・スプリング・ハーバー研究所で、トウモロコシの遺伝に関する研究をおこなっていた。そして、トウモロコシの斑《ふ》についての研究から、ある細胞では遺伝情報が失われ、別の細胞では遺伝情報が獲得される、という現象を見出したのだ。六年間にわたり、着実に研究をつづけて導き出した結論は、「動く遺伝子が存在する」ということであった。

トランスポゾンと名付けられた、その動く遺伝子は、その名のとおり、ゲノムのある場所からある場所へと「転移（トランスポジション）」する。トランスポゾンには大きく二つのタイプがある。一つはDNA型のトランスポゾンであり、もう一つはレトロトランスポゾンと呼ばれるものである。聞き慣れない言葉かもしれないが、トウモロコシではゲノムの六〇〜八〇％がトランスポゾンに由来する塩基配列で占められている。ヒトのゲノムでも、四〇％がトランスポゾンに由来している。

二つのタイプのトランスポゾンでは、転移の仕方が異なる。DNA型のトランスポゾンは、DNA断片そのものが切り出されてゲノムの別の場所へと転移する。それに対して、レトロト

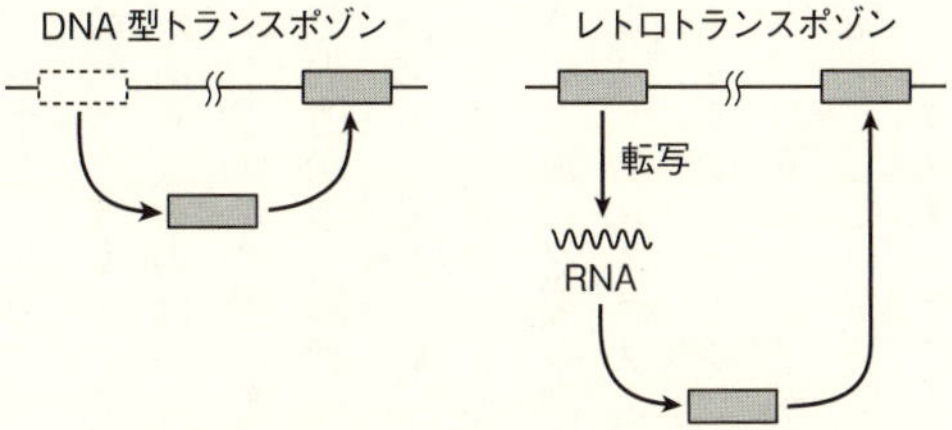

トランスポゾン．トランスポゾンにはDNA型(左)とレトロトランスポゾン型(右)の2種類がある

ランスポゾンは、RNAへと転写され、そのRNAを鋳型として二本鎖のDNAが生成され、ゲノムのどこかに挿入される。

このように二つのタイプのあいだには、「カット&ペースト」と「コピー&ペースト」のような違いがある。DNA型のトランスポゾンの場合は、転移後に元のトランスポゾン遺伝子がなくなる。それに対して、レトロトランスポゾンの場合は、転移後でも元のトランスポゾン遺伝子は残ったままである。

トランスポゾンは、挿入先において突然変異をひきおこしうるので、その活性化は潜在的に有害である。そこで、動物であっても植物であっても、簡単には転移が生じないように、DNAメチル化によって遺伝子発現が抑制された状態に保たれている。そうでないと、ぴょんぴょん飛び回られて、どんどん突然変異が増えてしまうからだ。

下級武士の知恵と工夫から

しかし、植物には転移活性の高いトランスポゾンもあって、花に美しさを与えてくれることがわかっている。古く遣唐使が本邦へと持ち帰ったとされるアサガオには、さまざまな色や形があり、そのほとんどの種類が江戸時代に生みだされたものである。一説によると、下級武士が小遣いかせぎのためにアサガオを育てて、いろいろな株を作り出していったということだ。その遺伝学的解析は大正時代からはじめられ、先駆的な研究がおこなわれている。その対象の一つに、雀斑《じゃくはん》（そばかすという意味）という変異体がある。

雀斑変異そのものは、DFR（ジヒドロフラボノール-4-還元酵素）という、アントシアニン色素の合成に必要な酵素に、DNA型トランスポゾンが飛び込んだことによって生じたものである。トランスポゾンが挿入された結果、DFR遺伝子が壊されるために白くなる。しかし、このトランスポゾンは転移活性が高いので、活性化されて飛び出していくことがある。そうなると、DFR遺伝子が元にもどって色素を合成できるようになり、その子孫の細胞には色がつく。結果として、雀斑になるのである。

ショウジョウバエを用いて新しい時代の遺伝学を拓いたモーガンの下で学んだアサガオ研究者、今井善孝は、雀斑のアサガオから、まったく絞り模様が現れないホワイトバリアントを分

トランスポゾンで変わるアサガオの模様．左写真：雀斑変異，中写真：ホワイトバリアント変異，右写真：フライングソーサー変異（写真提供：基礎生物学研究所星野敦氏）

離した。しかし、このホワイトバリアントを継代していくと、ふたたび絞り模様が現れてくることを見出した。このことは、ホワイトバリアントが遺伝子の変異によって生じたものではなく、何らかのメカニズムによって遺伝子発現が抑制されたためにできたことを示している。

当時はまだ言葉も概念もなかったが、この現象は、エピジェネティクス制御によるものであった。ホワイトバリアントでは、DFR遺伝子に飛び込んだトランスポゾンのDNAが高度にメチル化されていることがわかっている。トウモロコシで知られているように、アサガオでも、DNAのメチル化はトランスポゾン転移の抑制をひきおこす可能性が高い。これらをあわせて考えると、ホワイトバリアントの分離ではまず、トランスポゾンのDNAが高メチル化状態になって、DFR遺伝子が発現しない株が選り分けられていった。そして、後の継代では、細胞分裂を経るにつれてDNAメチル化状態が何らかの要因によって低下し、元のように絞り模様が生じるようになっていった、ということなのだろう。

西洋朝顔とも呼ばれるソライロアサガオは、アサガオとは違う種の植物である。その品種の一つに「フライングソーサー」という刷毛目紋のような模様をもったものがある。この模様もDNA型トランスポゾンによるものであることがわかっている。フライングソーサーでは、雀斑の場合とはちがい、トランスポゾンがDFRの遺伝子そのものではなく、その制御領域に挿入されている。トランスポゾン遺伝子に生じるDNAメチル化は、その周辺領域にもおよぶことがある。その結果として、DFR遺伝子の制御領域までメチル化をうけてしまう細胞と、うけていない細胞とが生じ、それぞれ、色素をつくらない、色素をつくる、というようになって絞り模様ができてくる。

生活の足しに軒先で朝顔の育種をしていた下級武士たちは、このような分子的なメカニズムなど想像すらしなかっただろう。しかし、経験と勘によって、トランスポゾンやエピジェネティクス制御の関与する株を上手に選り分けていったのだ。人間の知恵や工夫とはなんと素晴らしいものなのだろう。

ルイセンコ学説の悲劇

ソビエト連邦の一部であったウクライナに生まれた農学者トロフィム・ルイセンコは、一九二八年、小麦の春化《しゅんか》についての論文を発表し、二九歳にして一躍脚光を浴びることになった。秋にまいて冬を越して収穫する秋まき小麦を低温で処理してやると、春にまいて秋には収穫できる春まきになる、という内容である。

ナポレオンもヒットラーも敗れ去ったロシアの厳冬は、祖国防衛にはいいかもしれないが、小麦の不作をもたらす困りものでもある。秋まきの小麦を春まきにできれば、寒さの影響をうけなくなり、収穫を大幅にあげることができるので、実にありがたいことであった。また、ルイセンコは珍しく農民出身の学者であったことからも、ソ連という国家は国策としてルイセンコを重く用いるようになる。

春化現象自体は正しいのであるが、ルイセンコは、いったん春化処理をおこなうと、その獲得形質は遺伝する、という誤った学説を主張し、正統的な遺伝学や進化論を否定するようになっていく。「環境因子は、生物の形質を変化させるだけでなく、その遺伝的性質を変化させうる」という、いわゆるルイセンコ学説は、社会主義思想にとって都合がよかったこともあり、スターリン政権下のソビエト連邦に広く受け入れられていった。

ソ連では、以後、これに反対する生物学者が粛正されただけではなく、実践に移されたルイセンコ学説が農業生産に大きな損害を与える、という大きな悲劇を生んだ。これは、イデオロギーによる科学の歪曲がもたらした歴史上最悪の例といっていいだろう。

春化は、実際に認められる現象である。しかし、ルイセンコがはじめて見つけたわけではないし、その形質が遺伝するものでもない。植物がつぼみをつけて花を咲かせる、その最初の段階を花成《かせい》というが、春に花を咲かせる植物の多くは、花成の条件として、長期間の低温曝露を必要とする。一九六〇年代には、早くも、春化処理による細胞レベルでの「記憶」は細胞分裂を経ても維持されるということ、すなわち、エピジェネティックな現象が春化に関わっていることをにおわせる報告がされている。

突然変異の利用

近代的な意味での遺伝学は、突然変異を用いた研究によって始まった。その研究は、モーガンによってショウジョウバエを用いておこなわれたものだ。モーガンは、突然変異体を交配することにより、遺伝子が染色体の上に存在することを明らかにし、「遺伝における染色体の役割に関する研究」でノーベル賞を受賞した。

しかし、自然界に存在する突然変異体はそれほど多くないので、研究には限界があった。その限界を突破し、放射線を照射することによって突然変異を誘発できること、そして、その方法がきわめて有用であることを示したのが、モーガンの弟子、ハーマン・J・マラーである。

余談だが、マラーは、ルイセンコとちょっとした因縁がある。大恐慌から、マラーは資本主義に対して悲観的になり、ソビエト連邦へと渡り、遺伝学研究所で研究をおこなうようになる。しかし、その研究成果は、当然のことながら、ルイセンコの学説に反するものであった。スターリンの不興を買ったマラーは、ソ連から追放されてしまった。アメリカに帰国後、その思想ゆえか、業績に比してポストにはあまり恵まれなかったようだが、「X線照射による突然変異誘発の発見」によりノーベル賞を受賞している。

マラー以降、突然変異体を作成して形質を解析する、あるいは、その遺伝子を単離するという手法は、遺伝学、ひいては生命科学研究の方法論としての王道になる。ビードルとテータムによって唱えられた一遺伝子一酵素説も、アカパンカビにX線を照射して作成した変異体の代謝を解析することから導かれたものだ。ちなみに、ビードルも、モーガンの弟子の一人である。

突然変異の誘発には、X線照射をはじめとした放射線照射だけではなく、トランスポゾンの挿入や、高頻度に突然変異をひきおこす薬剤(変異原)であるエチルニトロソウレアの投与など、いろいろな方法が用いられる。人為的に作成された突然変異体の研究による成果は枚挙に暇がない。

ほ乳類では、重要な遺伝子を変異させると致死的になってしまうことが少なくない。それに対して、植物ではそれほどでもないために、変異体を用いた研究が容易におこなえる。また、核移植などおこなわなくても、一個の細胞からクローン植物を作成することもできる。こうした利点から、エピジェネティクスの分子機構については、植物においてより詳しくわかっていることも多い。

冬を記憶する

生物学の研究では、酵母、線虫、ショウジョウバエ、アフリカツメガエル、マウスなど、いろいろなモデル生物が重用されている。植物でもっともよく使われるのは、アブラナ科の一年生植物であるシロイヌナズナだ。生育が早くて、サイズは二〇～三〇センチメートルと小さく、栽培が容易で、ゲノムのサイズも小さい。いいことずくめであり、その扱いやすさから「植物のショウジョウバエ」と呼ばれることもある。

シロイヌナズナの花成を抑制する機能をもった遺伝子として、FLCという遺伝子がある。おもしろいことに、春化処理、すなわち長期間の低温曝露をおこなうと、FLCの発現が著しく低下し、花成が開始される。それだけではなく、春化処理をした後に通常の温度にもどしても、その発現低下は維持されたままに保たれる。低温にさらされたということが、ＦＬＣ遺伝子に「記憶」されるのである。

この「記憶」は、エピジェネティックなメカニズムによることがわかっている。長期間、シロイヌナズナの場合では二〇日間以上、低温に曝露されると、ＦＬＣ遺伝子の制御領域に抑制型のヒストン修飾が生じて、ＦＬＣ遺伝子が発現できなくなるのである。第２章で解説した抑制型のヒストン修飾のうち、ヒストンＨ３Ｋ９とＨ３Ｋ２７のトリメチル化が生じるために抑制されることがわかっている。

シロイヌナズナ（写真提供：国立遺伝学研究所角谷徹仁氏）

シロイヌナズナにおいても、突然変異体の研究は非常に有用であり、春化による花成の促進が生じない突然変異体として、ｖｒｎ１～３が作出された。長期間にわたり低温曝露されると、ｖｒｎ３が発現し、ＦＬＣ遺伝子の制御領域においてヒストン脱アセチル化酵素をリクルートする。その酵素の働きでヒストンのアセチル基がはずれて、転写が抑制される。次に、vrn1とvrn2によってヒストンをメチル化する酵素がリクルートされ、ヒストンに抑制的なメチル化が生じる。春化では、このようにエピジェネティクス制御を絵に描いたような遺伝子発現抑制機構が関与しているのだ。

2　女王様をつくるには

ミツバチの社会

花といえば蝶、といきたいところだが、お次は蝶ではなく、ミツバチの話である。ミツバチの社会は、われわれヒトの社会とはまったくたくちがう。ミツバチの群れは「カースト」とよばれ、一匹の女王バチと、たくさんの働きバチ、そして少数の雄バチから構成されている。女王バチと働きバチはいずれもメスであり、働きバチは花粉や花の蜜を採取してくるのが仕事である。一方の女王バチは、働きバチが取ってきた餌で生きており、卵を産んで子孫を残すことが役割である。女王バチの方が左団扇でうらやましいような気がしないでもないが、巣の外に出てあちこち飛び回っているのと、一日一〇〇〇個以上も卵を産みつづけるのとをくらべると、なんとなく働きバチの方が楽しそうな気もする。

女王バチは、お役目がちがうだけではない。体の大きさは働きバチの二〜三倍もあるし、寿命にいたっては三〇〜四〇倍も長生きである。また、行動がまったく異なるのは、脳の神経回路の違いによることも知られている。しかし、この女王バチと働きバチの違いは、遺伝子の違いによるのではなく、育てられ方、より正しくは、餌のちがいによって生じるのである。

働きバチの仕事の一つは、巣房を作ることである。ミツバチの巣は、よく知られているように、六角形の小部屋でできており、小さい巣房が働きバチ用、大きい巣房が雄バチ用である。それにもう一つ、王台という女王バチのための部屋がある。王台は、巣の中にハチがはいりきれなくなった場合、あるいは女王バチの寿命が潰えそうな場合にだけつくられる。

どの部屋の幼虫も、卵から孵化した直後はロイヤルゼリーが与えられる。しかし、王台以外の巣房では、すぐに果汁や花粉へと餌が切り替えられる。一方、王台の幼虫にはロイヤルゼリーが与えられつづけ、そこに住む幼虫だけが女王バチに育っていく。王台は複数つくられるが、最終的に、働きバチの半数を引き連れて巣立っていける女王バチは一匹だけである。最初に孵化した女王バチが、他の王台にいる女王バチ候補のさなぎを殺してしまうのだ。やっぱり、女王様になるのも楽ではない。

ゲノムプロジェクト

ある生物の全ゲノムの塩基配列を解読し、どのようなタンパクをコードしている遺伝子があるか、その制御領域はどうなっているか。そういうことなどを調べるのが、ゲノムプロジェクトである。特定の遺伝子ではなく、全体を網羅的に理解できるので、その情報量は非常に多い。これまでに、細菌、動物、植物など、いろいろな生物種におけるゲノム解析がおこなわれてきた。

もちろん、ゲノムサイズの小さい生物の方が解析は容易である。ウイルスは別として、最初にゲノムが明らかになった生物は、一九九五年のインフルエンザ菌である(インフルエンザ菌というのは、呼吸器や中耳に感染をひきおこす細菌であって、インフルエンザをひきおこすウイルスではない)。ちなみに、インフルエンザ菌のゲノムサイズは約一八〇万塩基対。ヒトゲノムが約六〇億塩基対であるから、三〇〇〇分の一以下のサイズでしかない。高等な生き物として最初にゲノム解析がなされたのはショウジョウバエで、約一億八〇〇〇万塩基対。それに次いで、ヒトゲノムが明らかにされた。

ゲノム解析の初期には、米欧日の多国籍コンソーシアムにひとりで立ち向かったクレイグ・

ベンターの活躍が顕著であった。アップルの創業者スティーブ・ジョブズに似た感じのするベンターの自伝『ヒトゲノムを解読した男』(化学同人)は抜群のおもしろさなので、興味のある人は読んでもらいたい。

いまでは非常に多くの生物種のゲノムが明らかにされているが、ある程度の技術が確立されてからは、有用性の高い生物のゲノムほど早く解析される傾向がある。ここでいう「有用性」には二つの意味があって、ひとつは研究といった側面からの有用性、もうひとつは経済効果の側面からの有用性である。動物でゲノムが明らかにされたのは、ヒトの次はマウスである。そしてラット、ウシ、ウマ、ネコ、イヌなど、実験動物や家畜、ペットが対象となった。植物でも、実験によく用いられるシロイヌナズナや、経済価値のあるブドウ、イネなどのゲノムが明らかにされている。

昆虫で最初にゲノムが明らかになったのは、実験生物のチャンピオン、ショウジョウバエであった。ついで、マラリアを媒介するハマダラカ、絹を紡ぐカイコがつづいた。カイコについては、シルクロードの歴史からか、日中の共同チームによる解析であった。その次にゲノムが明らかになったのが、西洋ミツバチである。

ミツバチのゲノム

ミツバチは蜂蜜を作ってくれるだけでなく、受粉を介して農作物や果樹、ひいては地球環境に大きな影響を与える重要な昆虫である。また、よく知られているように、働きバチは、花の色や形だけでなく、その場所や周囲の風景まで学習し、それを他の働きバチに伝えるという高度な認知能力を有している。ヒトの大脳皮質には一〇〇億個以上の神経細胞があるが、ミツバチは約一〇〇万個。その程度の神経細胞で、そんな高度な認知能力をもつというのだから驚きだ。また、大きな巣を作って共同生活を営み、幼虫の世話をするなど、高度な社会生活を営む生物でもある。ミツバチのこうした特徴に着目し、二〇〇三年、ミツバチのゲノムプロジェクトが米国で開始され、二〇〇六年には、国際ミツバチゲノム解読コンソーシアムによって結果が報告された。

ミツバチについては、ショウジョウバエとの対比で考えると面白い。ショウジョウバエとミツバチは、一見似たように見えるが、分類上は、種、属、科、より上の目《もく》が異なる。ショウジョウバエは双翅目《そうしもく》、ミツバチは膜翅目《まくしもく》に属している。進化的にも、およそ三億年前に枝分かれしたと考えられている。

ショウジョウバエはゲノムだけではなく、エピジェネティクスもよく解析されている。不思議なことに、ショウジョウバエでは、DNAメチル化はきわめて低レベルでしかなく、遺伝子発現には関与せず、エピジェネティクス制御はヒストン修飾にのみ依存している。ゲノムの解析から、ショウジョウバエには、CpG配列のメチル化をおこなう酵素であるDNMT1もDNMT3も存在しないことがわかっている。DNAメチル化による遺伝子発現制御は単細胞生物でも認められるので、進化の過程において何らかの理由で失われたのだろう。

ショウジョウバエでの研究成果から、昆虫ではDNAメチル化によるエピジェネティクス制御は重要ではないかもしれないと思われていた。しかし、ミツバチにはDNAメチル化酵素であるDNMT1もDNMT3もゲノムの中に存在することがわかり、それらの遺伝子にコードされるタンパクには、ちゃんとDNAをメチル化する活性が認められた。

それだけではない。ミツバチゲノムの解析から、DNMTという書き手だけでなく、メチル化シトシンの読み手、すなわち、メチル化シトシンに結合して遺伝子発現を制御するタンパクの遺伝子も存在することが明らかになった。このことは、証拠にはならないけれども、おそらく、ミツバチにおいても、ほ乳類と同じように、DNAのメチル化が遺伝子発現制御において重要な役割を担っていることを強く示唆している。

RNA干渉という現象がある。これは、二本鎖の短いRNA(siRNA)が、同じ塩基配列をもったメッセンジャーRNA(mRNA)に結合し、そのmRNAの分解を促進する、あるいはmRNAからタンパクへの翻訳を抑制することにより、タンパク合成が抑制される現象である。最初、線虫において発見された現象であるが、昆虫やほ乳類においても、このsiRNAを用いた方法は有効であり、遺伝子の機能を阻害する実験によく使われている。さらには、がんなどの治療にも使えるのではないかという期待もあり、RNA干渉の発見者であるアンドリュー・ファイアーとクレイグ・メロはノーベル賞を受賞している。

このRNA干渉法を用いて、ミツバチの幼虫においてDNMT3を抑制する実験がおこなわれた。DNMT3とは、第2章で述べたDNAをあらたにメチル化する書き手の酵素である。したがって、この酵素の量を低下させると、新規DNAメチル化が十分におこなわれなくなって、DNAメチル化が低下する。

驚くべきことに、DNMT3に対するsiRNAが注射された幼虫では、その七割以上が女王バチになった。それに対して、コントロール(対照実験)としてDNMT3と関係のないsiRNAが注入された場合は、二割程度しか女王バチにならなかった。この結果は、DNMT3

のsiRNAによる新規DNAメチル化の低下が、女王バチへの道筋を強く促進することを示している。ただし、DNAメチル化が重要であることは間違いないが、幼虫の段階において、どの遺伝子のDNAメチル化が発現抑制をうけることが女王バチになるために必要なのかはわかっていない。

ロイヤルゼリーは働きバチが分泌する物質であり、タンパク、糖分、脂肪酸、ビタミン、その他、いろいろな物質が含まれている。なかでも「ロイヤラクチン」というタンパクが女王バチに発達するために必要であることが富山県立大学の鎌倉昌樹によって示されている。また、ロイヤラクチンをショウジョウバエに与えると、卵巣の発達や体が大きくなるといった、女王バチに特徴的な変化が生じることも明らかにされている。

RNA干渉を用いた研究から、ロイヤラクチンは、EGFR(EGF受容体)を介してシグナルを伝達することがわかっている。EGFRは、ヒトにも存在

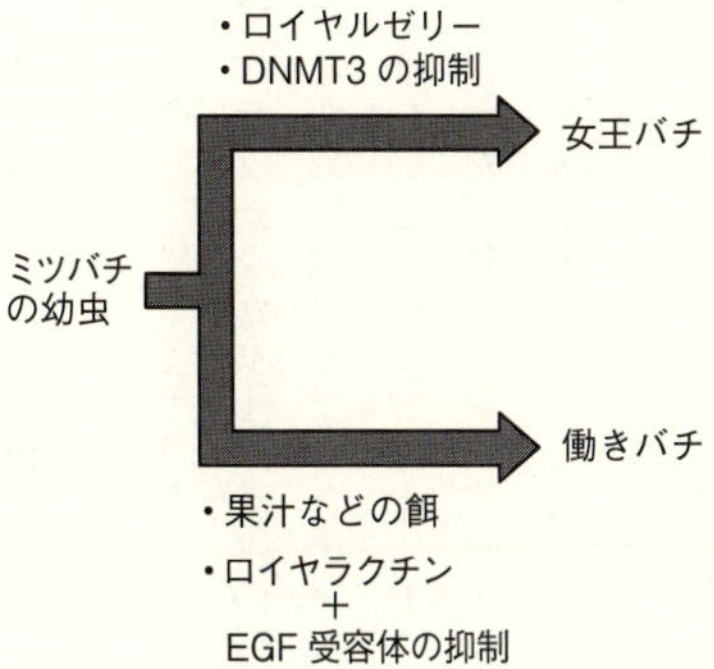

女王バチへの成長．新規メチル化酵素DNMT3の抑制やロイヤルゼリーによる女王バチへの成長

するEGF（表皮増殖因子）という増殖因子に対する受容体である。ロイヤラクチンがEGFRを介してDNAメチル化に影響を与えるのかどうか、興味あるところだ。不活性化されたロイヤルゼリーにロイヤラクチンをくわえるとロイヤルゼリーの活性が再獲得されることから、ロイヤラクチンが女王バチへの発達に必要な因子であることは間違いない。しかし、女王バチになるためにはロイヤラクチンのみで十分なのかどうかはわかっていない。

面白いことに、ロイヤルゼリーにはフェニール酪酸や10-HAD（10-ヒドロキシ-2-デセン酸）といった、ヒストン脱アセチル化酵素を阻害する作用のある物質が含まれている。ヒストン脱アセチル化を阻害すると、アセチル化ヒストンが増加して遺伝子発現が上昇することは、第2章で説明したとおりである。DNAメチル化の低下も遺伝子発現の上昇をうながすことを考えると、もしかすると、DNAメチル化だけでなく、ヒストンコードもなんらかのかたちで女王バチへの発達に関係しているかもしれない。

ミツバチ脳の不思議

女王バチは巣の中でじっとして卵を産みつづける。働きバチはせっせと花粉や蜜を集めてくる。女王バチと働きバチでは行動にも大きな違いがある。こうした行動の違いは、脳の解剖学的な違いに由来すると考えられている。DNAメチル化が女王バチと働きバチの運命を分けるのに重要であるなら、解剖学的な違いだけでなく、遺伝子発現にも何らかの差異があるのかもしれない。そこで、女王バチと働きバチの脳における遺伝子発現とDNAメチル化の違いが調べられた。

全塩基配列をゲノム(Genome)と呼ぶように、ゲノム全体のDNAメチル化状態をメチローム(Methylome)と呼ぶ。他にもタンパクの網羅的解析はプロテオーム(Proteome)というように、いまや網羅的「オーム」解析が大流行である。ひと昔前までは、一つずつの遺伝子についてDNAメチル化を調べるしかなかったが、いまでは網羅的に解析することが可能になっている(詳細は第5章で述べる)。

さて、そのメチロームだが、およそ五五〇個の遺伝子において、女王バチと働きバチでDNAメチル化のパターンが異なっていることがわかった。その中のいくつかは、脳の発生や活動に関与する遺伝子であった。しかし、DNAメチル化の違いによって、女王バチでは発現していて働きバチでは発現していない、あるいはその逆というように、遺伝子発現と有意な関連を示すようなDNAメチル化は認められなかった。

このデータを解釈するのはなかなか難しい。一つひとつの遺伝子発現の違いはたいしたことはないけれど、その総和が、脳の発生や行動に大きな影響を与えている。それがポジティブな解釈である。一方で、たくさんの遺伝子の発現に違いがあるけれども、DNAメチル化以外の重要な要因があるというネガティブな解釈も可能である。このあたりはエピジェネティクスに関するデータ解釈の非常に難しいところであって、最後の章でしっかりと論じたい。

3　行動や記憶も左右する

夫婦の絆

ミツバチの脳に対するエピジェネティクスの影響はいまひとつ定かでないが、高度な社会行動である一夫一婦制の成立との関わりについては、いろいろ明らかにされている。ただし、人間での話ではない。北アメリカに住むネズミの仲間、プレーリーハタネズミの話である。

ほ乳類では、特定の相手と同棲して子どもをともに育てる一夫一婦制は、たかだか三〜五%の種においてしか採用されていない。ネズミの仲間も一雌一雄の生活形態をとるものはすくなくて、プレーリーハタネズミは例外的である。そのために、一雌一雄制のモデル生物としてよく用いられている。うるわしいことに、野生のプレーリーハタネズミは、相方を失ってしまったら、つぎのパートナーを迎えることはないという。ただ、DNAによる父子鑑定の研究結果では、「浮気」をすることはあるらしいが……。

夫婦関係を野生で観察するのは困難であるから、実験的には、夫婦の契りというか、つがいの絆を手がかりに研究されている。これは、特定の相手と長い時間寄り添うかどうか、すなわち、パートナー嗜好によって判定される。

プレーリーハタネズミ．北米に棲むネズミの仲間．一雌一雄制をとる．Photo courtesy of Professor Mohamed Kabbaj, Florida State University

長時間同棲させるだけでパートナー嗜好が生じることもあるが、やはりというべきか、恐ろしいというべきか、交尾することによって大きく促進される。

オキシトシンとバソプレッシンは、脳の一部である視床下部で産生されて脳下垂体後葉から分泌されるホルモンである。いずれも、わずか九個のアミノ酸からなるホルモンで、お互いに二個のアミノ酸が異なるだけという非常に類似した構造をもっている。

古くから、オキシトシンは出産時に子宮を収縮させる、バソプレッシンは利尿を抑制する、という作用が知られていた。これらのホルモンは、それぞれの受容体を介して機能するが、それらの受容体は脳にも存在しており、いろいろな行動に影響を与えることもわかっている。オキシトシンは母性の発現に重要であり、バソプレッシンは攻撃性を増すといった役割をもっているのだ。

以前の研究から、プレーリーハタネズミの一雌一雄制には、これら二つのホルモンが重要であることがわかっていた。オキシトシンを雌のプレーリーハタネズミの脳室に注入すると、なんと、短期間の同棲、それも交尾なしでパートナー嗜好が生じるようになるのだ。また、雄にバソプレッシンを投与すると、こちらも同じように、交尾なしでパートナー嗜好が生じる。この結果は、これら二つのホルモンが、プレーリーハタネズミの「婚姻」に大きな影響を与えることを示している。

この現象をより詳細に調べるために、プレーリーハタネズミと近縁種で、乱婚制をとっているハタネズミとの比較生物学的解析がおこなわれた。その結果、オキシトシン受容体もバソプレッシン受容体も、プレーリーハタネズミと乱婚制のハタネズミとでは発現のパターンが異なっており、脳の特定の部位では、プレーリーハタネズミでのみバソプレッシン受容体が高発現していることがわかった。

そこで、バソプレッシン受容体を発現していない雄の乱婚制ハタネズミの脳に、バソプレッシン受容体を人為的に発現させる実験がおこなわれた。そうすると、結果として、雌と寄り添う時間が長くなったのである。このことは、バソプレッシンからのシグナルが、一雌一雄制という社会行動に影響を与えることを示している。

とはいえ、このハタネズミ、はたして幸せになれたのかどうか。非常に興味のあるところだが、それは誰にもわからない。

それでもスキンシップが大事

一雌一雄制のプレーリーハタネズミと乱婚制のハタネズミを比較すると、バソプレッシン受容体の遺伝子そのものに大きな違いはないが、その制御領域にはかなりの違いが認められる。そうなると当然、その違いがエピジェネティクスを介して遺伝子発現の制御に影響を与えているのではないか、そして、そのことが一雌一雄制の成立に重要なのではないか、という考えが浮かんでくる。実際に、トリコスタチンA(TSA)という、わが国において開発されたヒストン脱アセチル化酵素(HDAC)の阻害剤を投与する研究がおこなわれた。雌のプレーリーハタネズミの脳内にTSAを投与し、雄と同棲させるという実験である。

通常、交尾してパートナー嗜好を獲得するまでには、約一日を要する。ところが、TSAを投与した場合、およそ六時間で、なおかつ交尾なしで、パートナー嗜好を獲得することができた。このことは、TSAの投与が、つがい形成を大きく促進したことを示している。

ここで、ヒストンがアセチル化を受けると遺伝子発現が上昇することを思い出してもらいたい。HDAC阻害剤を投与するということは、ヒストンのアセチル化が強くなって、遺伝子発現が上昇するはずだ。はたして本当に、TSAによって、エピジェネティクス制御が影響をうけて、オキシトシン受容体やバソプレッシン受容体の発現は上昇するのだろうか。それが次の問題となる。

調べてみると、TSAが投与されると、つがい形成に関与する脳の部位において、オキシトシン受容体とバソプレッシン受容体の発現が上昇していること、そして、その制御領域におけるヒストンのアセチル化が上昇していることが確認された。また、逆に、TSAを投与しなくともパートナー嗜好が生じるような状態、すなわち長時間の同棲と交尾によっても、これらの遺伝子の制御領域におけるヒストンアセチル化が上昇する。これらの結果から、ヒストン修飾がプレーリーハタネズミのつがい形成に重要であることは間違いない。

ここで、ひとつ付け加えておきたいのは、TSAの投与だけではこのような変化は生じないということだ。TSAを投与しても、同棲させてやらないことには、パートナー嗜好の促進は生じないのだ。ということはやはり、つがい形成には、最低限の接触という刺激（スキンシップ）が必須であることを示している。なんとなく少し安心してしまうような話ではある。

パートナー嗜好については、他にもいくつかの興味ある問題が残されている。つがい関係の長期間にわたる継続も、ヒストンアセチル化の長期間にわたる維持で説明できるのか。他の動物種ではどうなのか、などである。

TSAは血液脳関門というバリアーを通過できないために、血中への投与では脳への作用は生じない。しかし、脳内への直接投与とはいえ、エピジェネティック修飾を変化させる薬剤で社会的行動までが影響をうけてしまう、ということに驚かれはしないだろうか。

記憶とエピジェネティクス

恐怖条件付けテストという、ちょっと怖い名前の実験がある。電気ショックを与えると同時に音を聞かせるという条件付けをおこなう。その後、音を聞かせただけで電気ショックをうけたときと同じような反応をするかどうかで、条件付け記憶が成立しているかどうかを調べる実験である。

ラットでこの実験をおこなったところ、新規DNAメチル化酵素であるDNMT3の発現が、海馬において上昇していた。タツノオトシゴに似た形をしているために「海馬」と名付けられている大脳の部位は、長期記憶の成立に深く関与していることがわかっている。もちろん、DNMT3の発現上昇だけでは記憶に関係しているとはいえない。しかし、条件付けの直後にDNAメチル化阻害剤を投与すると、学習効果が低下することがわかったのである。

さらに、維持メチル化酵素であるDNMT1の遺伝子と、二つある新規メチル化酵素のうちの一つであるDNMT3aの遺伝子を神経系において特異的に破壊したマウスを用いた実験も報告されている。そのマウスに記憶学習をおこなわせたところ、正常なマウスに比べて学習能力が劣っていた。これらの結果は、いずれも、DNAメチル化が記憶や学習になんらかの役割を果たすことを示している。

DNAのメチル化だけではなく、ヒストン修飾も記憶に重要であることがわかっている。長期記憶の成立には遺伝子発現とタンパクの合成が必要であり、なかでもCREBという転写因子が重要である。記憶におけるCREBの機能は、記憶・学習の実験によく使われる、海に棲む軟体動物であるアメフラシといった下等な生物から、ショウジョウバエ、そしてほ乳類にいたるまで、種をこえてよく保存されている。

CREBが転写因子として機能するには、転写のコアクチベーターであるCBP（CREB結合タンパク）が必要である。ＣＢＰは、名前が示すように、ＣＲＥＢと結合して転写を活性化するコアクチベーターである。第2章で紹介したように、ＣＢＰはヒストンのアセチル化、すなわち、ＨＡＴ活性も有している。そのＨＡＴ活性を低下させると長期記憶が障害されることから、記憶にはＣＢＰのＨＡＴ活性が重要であることが明らかになっている。

ＨＡＴと逆の働きをもつＨＤＡＣについての研究もおこなわれている。プレーリーハタネズミでの場合と同じように、ＨＤＡＣを阻害する薬剤を海馬に注入すると、記憶に必要な長期増強という現象が強化される。また、いくつかあるＨＤＡＣのうちＨＤＡＣ2の遺伝子を破壊されたマウスでは、ＨＤＡＣ阻害剤を投与された場合と同じように記憶が増強する。逆に、ＨＤＡＣ2をマウスの神経において強制発現させてやると、記憶能が低下する。どの実験も、ヒストンのアセチル化が記憶に重要であることを示している。

ここに紹介したような研究から、ＤＮＡメチル化もヒストンのアセチル化も、学習・記憶に必須であることは明らかである。また、どの遺伝子のエピジェネティック修飾が重要であるかもわかってきている。このような研究が進むことにより、エピジェネティックな状態を制御して記憶をコントロールするような時代が、もしかすると遠い将来にやってくるのかもしれない。

育てられ方とストレス反応

人間にも動物にもストレスはある。ストレスにさらされたとき、心拍数の増加、呼吸数の増加、血圧の上昇、発汗、血糖値の上昇、筋肉の収縮など、生体はいくつもの防御反応をとる。これらの反応の多くは、アドレナリンやコルチゾールによってひきおこされる。アドレナリンは副腎の髄質から、コルチゾールは皮質から分泌されるホルモンである。アドレナリンは神経刺激によって分泌が促進されるのに対して、ステロイドホルモンの一種であるコルチゾールは、脳下垂体から分泌される副腎皮質刺激ホルモン（ACTH）によって分泌が促進される。

ACTHの分泌は、さらに視床下部から分泌される副腎皮質刺激ホルモン放出ホルモン（CRH）という長い名前のホルモンによって刺激される。一方、視床下部には、コルチゾールに対する受容体（糖質コルチコイド受容体＝GR）があり、コルチゾールからのシグナルを受容して、CRHの産生を抑制する。このように、コルチゾールは、分泌が過剰にならないように、視床下部―下垂体―副腎系における負のフィードバック機構によって、その産生が制御されている。さらにこの視床下部―下垂体―副腎系は、海馬によって制御されている。

生まれたての赤ちゃんがどう扱われるかによって、この視床下部―下垂体―副腎系の機能が影響をうけるということが、五〇年以上も前におこなわれたラットの実験からわかっていた。

同じ系統のラットであっても、毛繕いをしたり、体をなめたりして子どもをよくかわいがる親と、そうでない親がいる。どちらの親に育てられるか。乳児期における育児の仕方がちがうだけで、成体になってからのストレスに対する反応が異なる。生後一週間、よくかわいがる親に丁寧に育てられたラットは、ほったらかしの親に育てられたラットに比べて、ストレスにさらされたとき、ＡＣＴＨ、そして、コルチゾールの血中濃度が低い。すなわち、ストレスに強いラットに育つのだ。

ＡＣＴＨ値の低さは、上位にあるＣＲＨの産生の低下に起因する。さらに、海馬におけるＧＲの発現が調べられたところ、よくかわいがる親に育てられたラットでは、その発現が上昇していることがわかった。生後一週間、よくかわいがられて育てられたラットは、成体になってからも、海馬におけるＧＲの発現量が多いためにコルチゾールからの刺激が強くはいる。その結果、ストレスをうけても、負のフィードバック制御が強くかかって、視床下部—下垂体—副

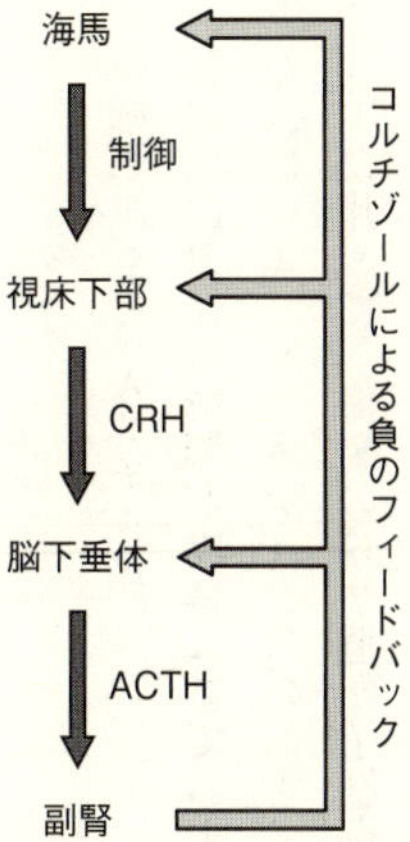

視床下部—下垂体—副腎系. コルチゾールの分泌は, その受容体であるGRを介して負にフィードバック制御される

腎系が抑制され、最終的にコルチゾールの分泌量が低く保たれるのである。

快感刺激とDNAメチル化

乳児期における影響が成体にまでおよぶような、長期間にわたる遺伝子の発現制御の記憶。となれば、エピジェネティクスの出番である。かわいがられて育ったラットでは、そうでないラットに比べて、海馬のGR遺伝子制御領域におけるDNAメチル化が低下しており、そのためにGRの発現が上昇していることがわかった。では、どうしてそのようなことがおこるのだろう。

それには、セロトニンという神経伝達物質が関与している。脳内のセロトニンには、気分や睡眠、あるいは食欲を調節する作用がある。また、セロトニンの作用を増強する薬は、うつ病に効果があることから、セロトニン系の機能低下がうつ病の原因にもなるとされている。そして、セロトニンは、たとえば親に毛づくろいをしてもらったりという、気持ちの良い状態になると分泌が高まるのである。

毛づくろいのような快感刺激によって、海馬の細胞がセロトニンの刺激をうけ、ある転写因子のGR制御領域への結合が増加する。その転写因子が直接DNAメチル化を制御するわけではないのだが、結合の増加が何らかのメカニズムを介してDNAの低メチル化を誘導すると考えられている。また、DNAのメチル化だけではなく、ヒストン修飾が関係することも報告されている。

「三つ子の魂百まで」ではないけれど、生まれてすぐにきちんとかわいがられるかどうかで、セロトニンを介したエピジェネティクス制御が影響をうける。このような、環境に対するある種の適応というものが、生後すぐの段階でのみ生じる。それが、生涯にわたってストレスに対する反応を左右してしまう。人間にも同じメカニズムがあるかどうかはわかっていないけれど、わが子をしっかりかわいがっていたかどうか、少々不安を感じる人もいるかもしれない。

4 「獲得形質」はエピジェネティックに遺伝する?

動植物のちがい

広辞苑によると、動物は「一般には、植物と対置される、運動と感覚の機能をもつ生物群をいう」、植物は「動物と対立する一群の生物。からだをつくる細胞は細胞壁をもち、流動性に欠け、多くは光合成によって自力でエネルギーを生産する」。そんなふうに定義されている。

動物と植物。われわれにとっては、見ただけで区別が可能な、かなり異なった生き物だ。

一方で、似たところもたくさんある。まず、細菌や酵母のような生物とちがって、多細胞であることがあげられる。それから、古き良き昔は、おしべとめしべから性教育がはじめられたように、基本的には有性生殖をおこなうということも似ている。エピジェネティクスの観点から見ても、動物にも植物にもヒストン修飾はあるし、動物だけでなく植物にもDNAメチル化はある。というよりも、DNAメチル化は植物の方がより複雑だ。

ただし、動物、植物どちらにも生殖細胞が存在するとはいうものの、その分化の仕方は大きく異なる。ほ乳類では、第2章で説明したように、生殖細胞は発生のかなり早い段階で他の体細胞から枝分かれしていく。それに対して植物では、花ができるときになってようやく、おしべとめしべができてくる。このように、生殖細胞が発生するのは、植物個体が十分に成長してからなのである。

もう一つ、植物と動物の生殖細胞発生におけるちがいは、DNAメチル化の制御である。これも第2章で述べたように、ほ乳類では、生殖細胞の発生過程においてゲノム全体のDNA脱メチル化が生じるが、植物ではすくなくとも広範囲なDNA脱メチル化は生じない。

キリンの首が長いのは……

一九世紀の初め、博物学者ラマルクは進化論を提唱した。広辞苑によると、ラマルクの考えは、「生物は単純から複雑へ発達する傾向をもつと説き、また、外界の影響による変異や用・不用による器官の発達・退化などの変化（獲得形質）が遺伝することも進化の重要な要因であるとする（用不用説）」というものであった。

生殖細胞と体細胞の成り立ちから考えると、動物では、用不用による獲得形質が遺伝するのは困難であることがわかる。たとえば、ラマルクの説でよく引き合いに出される、キリンの首を例に考えてみよう。キリンの首が長いのは、木の上のような高い場所にある餌を取るためだ、というのがラマルクの説である。あるキリンが一生懸命に努力して首を伸ばしたところで、生殖細胞は別の細胞系列としてすでに出来上がってしまっている。たとえエピジェネティックに変化することがあったとしても、それは生殖細胞ではなく、首筋あたりにある体細胞だけだろう。したがって、獲得されたエピジェネティックな変化を次世代に伝えることはできないのだ。

一方で、用不用的な獲得形質と、環境因子による獲得形質は区別して考える必要がある。薬物や栄養状態という外界からの影響は、体細胞だけでなく、同じような変化を生殖細胞にもおよぼす可能性がある。このような場合には、生殖細胞に生じたエピジェネティックな変化が遺伝しうることが示されている。それについては、後にいくつかの例を出して説明する。

しかし、植物では少し話がちがってくる。生殖細胞のできるタイミングの違いとDNA脱メチル化のちがいから、獲得されたエピジェネティックな変化が比較的容易に次世代に伝わりうるのである。実際に、環境ストレスなどによって生じたエピジェネティックな変化が、次世代に伝えられるということが報告されている。

生き残るための能力

黄色い花で春を知らせてくれるタンポポ。外来種のセイヨウタンポポが環境省の要注意外来生物に指定され、在来種はいまや押され気味である。かつて、メンデルはエンドウの次にタンポポを用いた交配実験をおこなったが、良い結果が得られなかった。セイヨウタンポポには、有性生殖をおこなう二倍体と、無性生殖で増える三倍体がある。メンデルは実験に三倍体を使ったために遺伝形質の交配が生じず、研究がうまくいかなかったのかもしれない。

動物と植物のもっとも大きな違いは、「動」「植」という字が示すように、あちこち自分で動きまわるか、同じ場所で静かにじっとしているかである。環境ストレスが与えられたとき、動物ならば移動してかわすこともできる。しかし、植物にはそういうことはできない。

自分では動けない植物にとってエピジェネティクスは、みずからを守るために利用する、生き残るための戦略の一つなのである。実際、植物はエピジェネティクスを味方につけ、遺伝子発現の状態を変えることにより、塩濃度の上昇、草食動物による摂食、温度、低栄養状態、紫外線、冠水、薬剤、感染といった、さまざまな外的ストレスに耐えている。

セイヨウタンポポに、低栄養状態にする、塩濃度を上昇させる、あるいはストレス応答に関係するホルモンを投与するなどの刺激を与えると、ＤＮＡのメチル化状態に変化が生じる。そのタンポポの次の世代を、それらの刺激なしで育てても、親の世代で生じたＤＮＡメチル化と同じような変化が認められたという実験結果が報告されている。

この結果は、環境変異によるＤＮＡメチル化状態の変化が次の世代へと受け継がれたことを示している。また、シロイヌナズナにおいても、実験的に導入されたＤＮＡ低メチル化状態が世代を超えて遺伝することが報告されている。植物の生殖細胞の発生過程から考えて、体細胞に生じたＤＮＡメチル化状態というエピジェネティックな変化が子孫へと遺伝しても、そう不思議ではない。

茶か、黒か、はたまた黄か

では、ほ乳類ではどうだろうか？　ほ乳類においても、エピジェネティックな状態が次世代へと受け継がれる例が知られている。マウスの毛の色に影響を与えるアグーチ遺伝子座だ。その遺伝子の発現によって作り出されるアグーチパターンについて説明しよう。

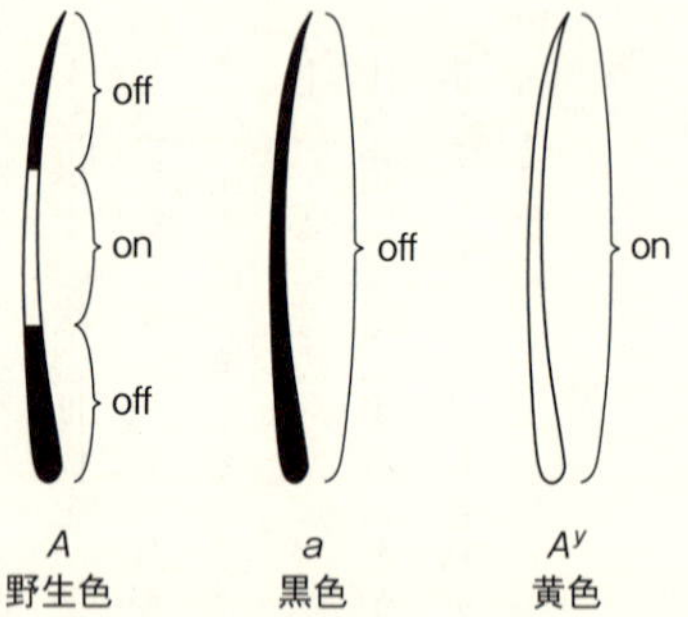

アグーチ遺伝子と毛の色

野生型のマウスは、*A*というアグーチ遺伝子をもっており、毛色は濃い茶色である。その毛色はアグーチ遺伝子の正常な活性化制御によるもので、図にあるように、育毛の周期に応じてアグーチ遺伝子産物が作られるためにアグーチパターンができる。

毛先と根元が生えるときには、アグーチ遺伝子の発現がオフとなるため、毛色は黒になる。それに対して、中間部が生えるときには、アグーチ遺伝子の発現がオンになるため、毛色は黄色になる。このようなバンド状に色づいた毛が生えるために、野生型のマウスは濃い茶色に見えるのである。

それに対して、アグーチ遺伝子がまったく活性化されない a という劣性遺伝子がある。二つあるアグーチ遺伝子がともに a だった場合、アグーチ遺伝子の産物はまったく作られない。そのようなマウスでは、毛の色が真っ黒になる。アグーチ遺伝子座にはいろいろな突然変異が知られており、アグーチ遺伝子による産物がずっと作りつづけられる活性型の変異(A^y)もある。そのようなマウスでは、毛の色が黄色になる。

不思議な毛色パターンを示すのが、アグーチ・バイアブルイエローという変異である。バイアブルイエロー遺伝子と a 遺伝子を両親から一つずつ受けついだマウスは、同じ遺伝子型であっても、茶色から黄色まで、いろいろな毛色をもつ個体が生まれる。この不思議な現象が説明できるようになったのは、バイアブルイエロー遺伝子の構造が解明されたことによる。バイアブルイエローでは、アグーチ遺伝子の前にＩＡＰというレトロトランスポゾンが挿入されていたのだ。

毛色の遺伝

第2章で述べたように、レトロトランスポゾンの制御領域にあるＣｐＧは、高度にメチル化をうけており、発現がほぼ完全に抑制されている。しかし、バイアブルイエロー遺伝子では、

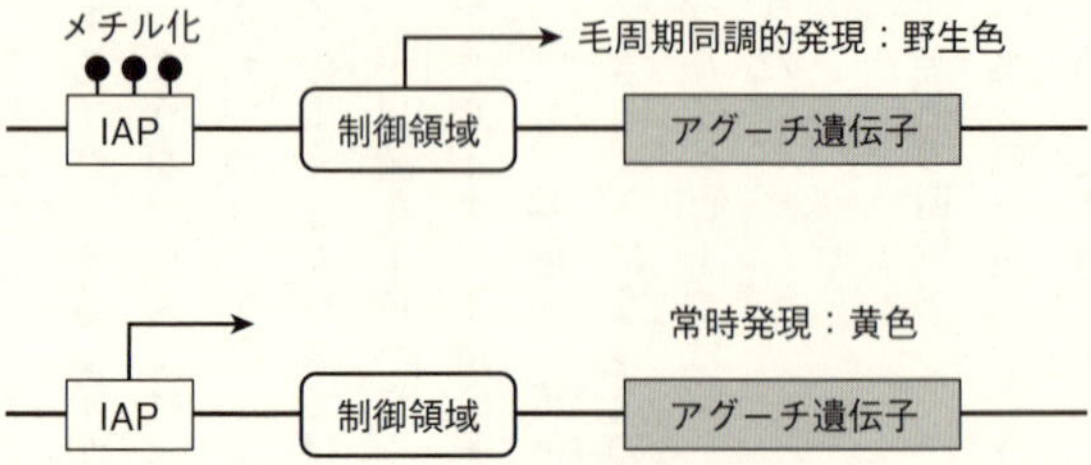

バイアブルイエロー遺伝子の構造と発現

そのＤＮＡメチル化状態が安定していない。ただし、完全に不安定でもなく、準安定とでもいうべき状態になっている。そのために、ＤＮＡメチル化が高度に入っているマウスと、ＤＮＡメチル化の不十分なマウスが存在する。高ＤＮＡメチル化のマウスでは、レトロトランスポゾンの転写活性化能が抑制されているために、アグーチ遺伝子の発現が正常に制御され、野生型の茶色い毛色になる。それに対して、ＤＮＡメチル化の不十分なマウスでは、レトロトランスポゾンのもつ強い転写活性化能によって、アグーチ遺伝子が常時オンとなるため、黄色い毛色になるのである（上図）。

では、このマウスの毛の色は親から子へと遺伝するのだろうか？ *a*遺伝子を二つもつマウスと、バイアブルイエロー遺伝子と*a*遺伝子を一つずつもつマウスとを交配すると、メンデルの法則に従って、バイアブルイエロー遺伝子と*a*遺伝子を一つずつもつマウスと、*a*遺伝子を二つもつマウスが一対一の割合で生まれてくる。

バイアブルイエロー遺伝子と*a*遺伝子を一つずつもつマウスの毛

色を調べると、母親マウスの毛色は子どもの毛色に大きな影響を与えることがわかった。黄色い母親からは黄色い子が生まれやすく、茶色の母親からは茶色の子が生まれやすかったのだ。一方、父親マウスの毛色は子どもの毛色に影響を与えず、茶色であろうが黄色であろうが、子どもの毛色のバラエティーに変わりはなかった。

この結果は、母親に由来するバイアブルイエロー遺伝子のDNAメチル化状態が、生殖細胞の発生や受精後の初期化においても完全にはリセットされず、ある程度は子どもに伝達されたことを示している。すなわち、DNAメチル化状態がある程度は遺伝したということである。また、「傾向があった」という程度の遺伝であったことは、その遺伝は完全ではないことを示している。父親からの場合にはこのような影響が認められないのは、卵子形成と精子形成におけるDNAメチル化制御の違いによるものと考えられる。

DNAメチル化状態の子孫への伝達は、はたしてアグーチ遺伝子だけの現象なのであろうか？　実は、もう一つ、アキシンという遺伝子の変異体でも似たような現象が知られている。その変異を一つもつマウスは、尻尾が折れ曲がるという表現型を示すが、その折れ曲がり方が個体によって違うのである。

尻尾の折れ曲がり方が著しいマウスからは、尻尾の折れ曲がり方が著しいマウスが生まれる傾向がある。逆に、尻尾の折れ曲がり方がマイルドなマウスからは、尻尾の折れ曲がり方がマイルドなマウスが生まれる傾向がある。そして、この遺伝はバイアブルイエローの場合と違って、母親からだけではなく父親からも受け継がれる。

尻尾の折れ曲がり方はDNAメチル化の程度を反映している。だから、ある程度はDNAメチル化の状態が遺伝するというのは、この例でも正しい。しかし、この遺伝子の発現制御にもやはり、IAPレトロトランスポゾンの挿入が関与しているのである。

これら二つの例は、ほ乳類においても、DNAメチル化パターンというエピジェネティクス状態がある程度遺伝しうることを示している。しかし、これは獲得形質の遺伝ではないし、必ずしも一般的な現象であることを意味しない。レトロトランスポゾンの挿入による遺伝子発現制御に関与した、特殊な例にすぎないのかもしれないのである。

エサで毛の色が変わる?

もう一点、植物と同じように、環境要因がDNAのメチル化に影響を与えるかどうかも興味あるところだ。この問題もアグーチのバイアブルイエロー遺伝子と a 遺伝子を一つずつもつマウスで調べられた。ただし、環境要因とはいっても、食餌による影響である。そういえば、食虫植物という例もあるが、物を食べるかどうかも動植物の大きな違いだ。

DNAのメチル化では、DNMTによってシトシンにメチル基が付加される。そのメチル基はSAM（S-アデノシルメチオニン）という基質から供与されるが、SAMの合成は葉酸やビタミンB12によって亢進することがわかっている。はたして葉酸やビタミンB12の投与により、SAMという基質の量が増加し、DNAメチル化が亢進して、野生色マウスが増えるのだろうか。

答えはイエスであった。妊娠中のマウスに葉酸やビタミンB12を与えると、野生色のマウスが増えたのだ。このようなビタミン類だけではなく、アルコール（一〇％エタノールであるから結構な濃度である）を飲ませたら同じような効果があったことも報告されている。

この研究は、お腹の中にいる赤ちゃんがビタミンやアルコールによってどのような影響をうけるかをしらべた実験であって、獲得形質の遺伝ではないことに注意してもらいたい。また、このような食餌によって誘導されたDNAメチル化状態は、お腹の中にいたマウスに影響があるけれども、孫の代にまでは伝わらないという報告もある。もしかすると、自然発生的に生じたエピジェネティクス状態と食餌によって生じたエピジェネティクス状態には、その維持に何らかの違いがあるのかもしれない。

ビスフェノールAは、プラスチックなどの原料として用いられる化学物質である。洗浄や高温で製品から溶け出すことがあり、性ホルモンであるエストロゲンと同じ作用をもつ内分泌撹乱物質(いわゆる、環境ホルモン)の一つである。

ビスフェノールAを、バイアブルイエロー遺伝子とα遺伝子を一つずつもつマウスに摂取させる実験もおこなわれている。その結果、メカニズムは定かでないが、バイアブルイエロー遺伝子のレトロトランスポゾンにおけるDNAメチル化が低下し、黄色のマウスが増加した。さらに、このビスフェノールAの影響は、DNAのメチル化を亢進させる葉酸などの投与で抑えられることもわかっている。

これらの例は、食餌がDNAメチル化状態に影響をおよぼしうることを示している。しかし、このことをもって、この現象を普遍化できるかといえば、やはり否であろう。この例もバイアブルイエロー変異であるから、レトロトランスポゾンの挿入が関与する特殊な例にすぎないという可能性を否定できないからだ。このことについては第5章であらためて考察してみたい。

第4章　病気とエピジェネティクス

前章で紹介した生理的な現象だけではなく、いろいろな病気の発症にもエピジェネティクスは関与している。まずは、がんや生活習慣病など、身近な病気とエピジェネティクスの関係から話を進めていきたい。そして、比較的まれな病気であるが、第2章で紹介したゲノムインプリンティング、いわばエピジェネティクス制御の代表選手が発症に関与している疾患のいくつかを紹介する。

1　がんの発症と診断・治療

がんの御印籠

一般に、「がん」と呼ばれる悪性腫瘍は、細胞が正常な制御機構を逸脱して増えつづけてしまう疾患をいう。その主たる原因は、突然変異、すなわち、染色体の異常やＤＮＡの塩基配列の変異によるものであると考えてよい。しかし、それだけではなく、エピジェネティックな異常も関与することがわかってきている。

がんの病因論としてのエピジェネティクス異常を理解するには、まず、がんがどのようにして発症するかを理解する必要がある。がんという病気は、体細胞において、細胞増殖などに関係する遺伝子に異常が蓄積することによって発症する。それも一つや二つではなく、一般的な悪性腫瘍の発生では、およそ五〜六種類の異常が必要であることがわかっている。

どの遺伝子に異常がおきてもがんになるというものではない。がんをひきおこすに「ふさわしい」機能をもった遺伝子における異常が五〜六個生じることによって、ようやく悪性腫瘍になるのである。悪性腫瘍の発症に必要な遺伝子異常は、おおきく六つのカテゴリーに大別することができ、この六つはがんのホールマークと呼ばれている。ホールマークとは本来、金や銀などの純度を証明する極印《ごくいん》のことである。がんのホールマークは、がんでおわしますことを証明するための「がんの御印籠」とでもいったところであろうか。

その六つとは、少し専門的になるが、「成長因子の自給自足」「増殖抑制に対する不応性」「アポトーシス（細胞死）の回避」「無限の細胞複製能力」「持続する血管新生」「組織への浸潤と遠隔転移」に必要な遺伝子である。ここでは、発がんにおけるエピジェネティクスを理解するために最低限必要な、「成長因子の自給自足」と「増殖抑制に対する不応性」のそれぞれに関係する、がん遺伝子とがん抑制遺伝子にしぼって説明しよう。

アクセルとブレーキ

がん遺伝子とは、その機能が活性化されることによって発がんに寄与する遺伝子である。がん遺伝子といっても、がんをひきおこすために存在している遺伝子などではなくて、正常な細胞の増殖や分化において重要な役割をはたしている遺伝子である。正常な細胞では、そのような遺伝子から正常なタンパクが、きちんとした制御をうけて作られ、細胞の増殖や分化、機能発現に寄与している。それが異常に活性化されてしまうと発がんにつながるのだ。

がん遺伝子の活性化には、おおきく二通り、質的な異常と量的な異常がある。質的な異常の場合は、がん遺伝子そのものに突然変異が生じて、コードされるタンパクの機能が活性化型になり、異常に増殖を刺激してしまう。これは、塩基配列の変異によるものなので、エピジェネティクスと直接の関係はない。

それに対して、量的な異常の場合は、がん遺伝子がコードするタンパクそのものに異常はないけれども、必要以上に大量の正常タンパクが発現してしまう。あるいは、正常なら発現しないはずの細胞において発現してしまう。いいかえると、遺伝子の発現制御に異常が生じてしまうことによるものだ。量的異常は、遺伝子の塩基配列の変化や染色体の転座(切断や再結合などにより、染色体の一部が入れ替わる現象)によって生じる場合もあるが、DNA修飾やヒストン修飾など、エピジェネティクス制御が関与する場合もある。

がん遺伝子は、いわば細胞増殖のアクセルのようなものだ。それに対して、がん抑制遺伝子は、その名前が示すように、がんになることを抑制する機能をもった遺伝子である。そのような細胞増殖を抑制する機能を有した遺伝子も多数存在しており、細胞増殖におけるブレーキであると考えるとわかりやすい。

がん遺伝子もがん抑制遺伝子も、一対の染色体それぞれに乗っかっているので、一つの細胞には二個存在する。アクセルとブレーキのたとえで考えてみると、アクセルであるがん遺伝子は、二つのうち一つがオンになっただけで細胞増殖の刺激がはいる。それに対して、ブレーキであるがん抑制遺伝子は、片方が壊れても、もう片方があれば機能してくれる。がん抑制遺伝子が二つとも異常になってようやく、細胞増殖につながるのである。

メンデルの法則における優性遺伝、劣性遺伝というのを聞かれたことがあるだろう。けっして遺伝子が優れているとか劣っているとかいう意味ではない。二つある遺伝子のうち一つだけで表現型があらわれるのが優性遺伝であり、二つそろわないとあらわれないのが劣性遺伝である。これと同じように、「がん遺伝子は優性に機能し、がん抑制遺伝子は劣性に機能する」という言い方をすることもある。

がん抑制遺伝子にも、突然変異による質的な異常と、発現が低下することによる量的な異常とがある。この場合でも、がん遺伝子の場合と同じように、質的異常ではなく、量的異常においてエピジェネティクス制御が関与する可能性がある。

悪性腫瘍のDNAメチル化異常

悪性腫瘍の発症は、基本的には、遺伝子の突然変異によるものであることは間違いない。しかし、エピジェネティクスの研究が進展するにつれ、エピジェネティクス修飾も発がんに寄与することがわかってきている。いろいろながんにおけるDNAメチル化状態の解析から、ゲノム全体のDNA低メチル化状態と、特定の領域のDNA高メチル化状態という一般的な特徴がわかっている。

特定の領域におけるDNA高メチル化の寄与は、比較的理解しやすい。がん抑制遺伝子の制御領域にあるCpGが高メチル化状態になるような例が実際に報告されている。制御領域のDNAが強くメチル化されると遺伝子の発現が抑制されるのであるから、この場合は、高メチル化によりがん抑制遺伝子の発現が抑制される。すなわち、遺伝子に変異がなくとも、がん抑制遺伝子が発現しなくなって、ブレーキが壊れた状態になるのである。

がん抑制遺伝子の機能低下や発現低下が、遺伝子の突然変異や染色体の異常によって生じている場合には、薬剤を使ったところで是正のしようがない。それに対して、エピジェネティックな状態は、安定ではあるが変わりうるものであるから、薬剤によって正常化させることができる場合がある。このようなエピジェネティクスに作用する薬については、後にくわしく述べる。

一方、ゲノム全体のDNA低メチル化状態の発がんにおける役割については、よくわかっていない。一般的には、DNAの低メチル化により、染色体の不安定性がひきおこされる、がん遺伝子が活性化される、あるいは、レトロトランスポゾンが活性化されて突然変異が誘発されるといった解釈がなされているが、いずれも決定的な証拠はない。

臨床検体の解析から、大腸がんや乳がんなどでは、DNAメチル化が高度に生じている症例があり、CIMP（CpGアイランド高メチル化表現型）と名付けられている。CIMPの症例は特徴的な臨床像を呈するだけではなく、予後に影響を与えるとされている。今後、がんのDNAメチル化状態が数多くの症例において詳細に解析され、いろいろなことがわかってくれば、治療方針もそれに応じて選択できるような時代がやってくるだろう。

がんゲノムプロジェクト

がん細胞の全ゲノムを解析することにより、その塩基配列からがんの特性を明らかにする、がんゲノムプロジェクトという研究がある。がん遺伝子やがん抑制遺伝子における変異が、ゲノムレベルで明らかになってくる中で、ヒストン修飾酵素に突然変異の認められる症例がかなりの割合で存在することがわかってきた。

国立がん研究センターを中心としたグループによっておこなわれた肝臓がんのゲノム解析で

も、クロマチンの機能制御に関与するいろいろな遺伝子における異常が、約六割の症例において見いだされた。さまざまな種類の白血病細胞がふえてくるタイプの白血病（混合型白血病）の原因遺伝子としてクローニングされた遺伝子であるＭＬＬも、そのうちの一つである。ＭＬＬは、遺伝子発現を活性化するヒストン修飾の一つであるＨ３Ｋ４をメチル化する酵素である。

血液細胞のがんである白血病や悪性リンパ腫のゲノム解析においても、ヒストン修飾酵素の異常が非常に高頻度で見つかっている。ある型の悪性リンパ腫では、九割近くもの症例において、ＭＬＬに類似したＭＬＬ２遺伝子の変異が見つかっている。また、別の型の悪性リンパ腫では、四割程度の症例において、ＣＢＰなどヒストン修飾に関連する遺伝子の変異が見つかっている。

このようなヒストン修飾酵素の異常が、どのようにエピジェネティクス状態に変化をもたらし、結果として、どのような遺伝子の発現異常が生じ、悪性腫瘍の成立に寄与しているのかは残念ながらよくわかっていない。また、これらの変異は、多くの場合、完全な機能欠失ではないし、二つある遺伝子のうち一方だけの異常である。言い換えると、この異常だけでは、遺伝子発現に対してそれほど大きな影響を与えるとは考えにくいのである。しかし、単なる偶然と考えるにはあまりに異常の頻度が高すぎる。他の遺伝子異常と何らかの相乗効果があって、腫瘍の発症に寄与しているのかもしれないが、その病理学的な意義は今後の研究を待たねばならない。

ヒストン修飾の遺伝子だけでなく、DNAメチル化酵素の異常も、がんゲノム解析から見つかっている。急性骨髄性白血病のゲノム解析から、新規DNAメチル化酵素であるDNMT3aの突然変異を有する症例が見つかった。それを端緒に、大規模な解析がおこなわれ、約二割の症例において、DNMT3a遺伝子に異常が認められた。

それほど高頻度ではないので、これだけだとDNMT3aの異常が臨床的な意味をもっているかどうかを判断するのは難しい。しかし、DNMT3aに異常がある患者の平均余命が一年程度であったのに対して、異常がない患者は三年半ほどと、有意に差があったのである。このことは、DNMT3aの突然変異が、白血病の病状になんらかの影響を与えていることを示している。

認められたDNMT3a変異の多くは、DNAメチル化の機能がなくなる異常である。しかし、白血病細胞における遺伝子発現を網羅的に解析しても、特定の遺伝子のDNAメチル化異常や発現異常といったようなものは見つからなかった。このように、DNMT3aの変異が白血病になんらかの影響を与えていることは明らかであるが、いまのところ、そのメカニズムは不明である。

ヒストン修飾酵素をコードする遺伝子にしてもDNAメチル化酵素をコードする遺伝子にしても、状況証拠とはいえ、がん細胞の増殖や進展になんらかの役割を果たしていることは間違いなさそうだ。しかし、現状では、あるいは現在の生命科学の技術では、それが悪性腫瘍の発症にどういう作用をもたらしているのかはわかっていない。

はたして、これは何を意味しているのだろう。エピジェネティクス制御は、想像よりもはるかに複雑なものなのだろうか。それとも、いまはまったくわかっていないような制御にも関与しているのであろうか。

新しいがん診断マーカー

がん細胞のみが産生する物質を、がんのスクリーニングや経過観察に利用できることはよく知られている。多くの場合、血液の非細胞成分である血清における腫瘍マーカーの濃度を測定することによっておこなわれる。前立腺がんの腫瘍マーカーであるPSA（前立腺特異抗原）や、大腸がんの腫瘍マーカーであるCEA（がん胎児抗原）などが有名だ。そのほとんどはタンパク、あるいはタンパクに糖がついた糖タンパクである。しかし、最近では、がんに特有なDNAメチル化を利用したスクリーニングが可能になってきている。

大腸がん患者の血清中では、メチル化をうけたＤＮＡの量が健常人よりも増加しており、メチル化をうけたセプチン９の遺伝子をスクリーニングに利用できることがわかっている。セプチン９は、がんの発症にある程度は関与している可能性はあるが、原因そのものになるような遺伝子ではない。しかし、理由はともかく、セプチン９遺伝子の高メチル化ＤＮＡが、大腸がん患者の血清中で増加しているのである。その測定法が開発され、ヨーロッパにおいてはすでに臨床的に用いられている。

前立腺がんのスクリーニングにはＰＳＡがよく用いられるが、特異性が高くないために、前立腺炎や前立腺肥大症といった前立腺がん以外の疾患でも高い値を示すことが問題になっている。一方、前立腺がんの組織では、解毒に関与するＧＳＴＰ１（グルタチオンＳ転移酵素）遺伝子の制御領域におけるＤＮＡメチル化が亢進していることが知られている。

前立腺の組織だけでなく、血液や尿においても、メチル化が亢進したＧＳＴＰ１遺伝子の制御領域のＤＮＡが存在することから、これをスクリーニングに利用できるのではないかと考えられている。残念ながら、ＰＳＡに比べて感度は低いので、それだけでスクリーニングをしても前立腺がんを見落とす危険性がある。しかし、逆に、特異性は高いので、ＰＳＡと組み合わせることにより、より優れたスクリーニングができるようになるかもしれない。DNAメチル化を利用したマーカーは、これまでの腫瘍マーカーとは異なったメカニズムによるマーカーなので、以前からある腫瘍マーカーと組み合わせることにより、より精度の高い診断が可能になるのではないかと期待されているのだ。

これからも、DNAメチル化バイオマーカーとでも呼べるような検査が開発されていくだろう。しかし、その実用化には、血液中に微量しか含まれていない特定のメチル化DNAを高感度に検出できる方法の開発などが必要である。

古くて新しい白血病治療薬

くりかえしになるが、遺伝子の突然変異、すなわちジェネティックな異常と、エピジェネティックな異常ではひとつ大きな違いがある。突然変異を正常化することは不可能だが、エピジェネティックな異常は薬剤によって操作が可能である、という点だ。これもくりかえしになるが、がんという病気は、突然変異が蓄積することによって発症する疾患であり、エピジェネティックな機序も関与している。

そうなると、エピジェネティクス状態を操作してがんを治療できるのではないか、というアイデアが浮かんでくる。実際に、エピジェネティックな状態に影響を与える薬剤が治療に有効であることを如実に示す例がある。第2章で紹介したDNAメチル化の阻害剤アザシチジンによる骨髄異形成症候群(MDS)の治療である。

MDSは、主として高齢者に認められ、異常な造血幹細胞が腫瘍性に増殖して正常な造血を抑制してしまう疾患である。血液細胞は骨髄で産生されるが、MDS患者の骨髄では、異常な造血細胞が出現し、正常な血液産生が十分におこなわれない。そのために、貧血や白血球減少などの症状を呈する。また、MDSは、経過中に悪性度の高い白血病に進展する場合もあるので、前白血病状態ととらえることもできる。

MDSでは、遺伝子の変異だけでなく、がん抑制遺伝子の制御領域におけるDNA高メチル化が認められることや、DNAメチル化を制御する遺伝子がMDSの発症に関連することなどが知られていた。これらのことから、MDSの発症にはDNAのメチル化が関与しているのではないかと考えられ、DNAメチル化阻害剤の臨床応用がおこなわれた。

アザシチジンのMDS患者への投与では、すべての症例ではないが、貧血の改善や骨髄の異形細胞の減少という好ましい反応が生じ、平均余命の延長が認められる。さらには、白血病への進展率も低下する。これらの効果から、アザシチジンはMDSの治療薬として認可され、すでに広く使用されている。

MDSでは、DNA高メチル化によってある遺伝子の発現が抑制され、疾患の発症に関与している。そして、アザシチジンの投薬により、そのメチル化が正常化され、特定の遺伝子が正常に発現するようになって治療効果が上がる、ということであれば話はわかりやすい。しかし、実際には、そのような遺伝子はいまだに見つかっておらず、どのような作用機序が治療効果につながっているのかは不明である。

DNAメチル化は細胞の分化や機能に密接に関与しており、アザシチジンの妊娠マウスへの投与では、胎仔の奇形や死亡が認められている。だから、DNAメチル化阻害剤の投与は、なかなか勇気のいる治療法だ。しかし、MDSの治療では、骨髄の機能抑制や肝臓の機能障害などの副作用は生じるものの、臨床的な使用が十分に可能である。投与量が慎重に決められたこともあるのだろうが、このような昔から研究用の試薬として知られていた化合物が、医学の進歩にもとづいて治療に用いられるようになったのは面白い。

DNAメチル化阻害剤だけでなく、ヒストン脱アセチル化酵素阻害剤(HDAC阻害剤)もMDSや急性白血病の治療に効果のあることが知られている。しかし、HDAC阻害剤単独ではあまり効果がなく、DNAメチル化阻害剤と併用した場合に効果が増強する。この場合も、D

NAのメチル化低下やヒストンのアセチル化亢進による特定の遺伝子の発現変化が、治療効果と相関があるかどうかはわかっていない。

DNAメチル化阻害剤とHDAC阻害剤を併用した場合、細胞内のDNAに傷がたくさんはいることがわかっており、それによって細胞死がひきおこされるのではないかと報告されている。エピジェネティック創薬、あるいはエピゲノム創薬の嚆矢とされるこれらの薬剤であるが、それぞれの薬剤の阻害作用から考えられるようなエピジェネティクスによる遺伝子発現制御ではなく、それとは違った分子メカニズムで作用している可能性も残されている。

エピゲノム創薬

DNAメチル化阻害剤とHDAC阻害剤の成功をうけ、エピジェネティクス状態を変化させることでがんを治療する、エピゲノム創薬が脚光を浴びている。なかでも、予後の悪いことが知られている、MLL遺伝子がその発症に関連する白血病が対象疾患として有望視されている。

白血病では、たった一つの突然変異で発症することがある。その場合の多くは、図のように染色体の転座によって、正常な細胞では存在しない新しい融合タンパクが作られることが原因になっている。このような場合には、その白血病細胞に特異的な融合タンパクの機能を喪失さ

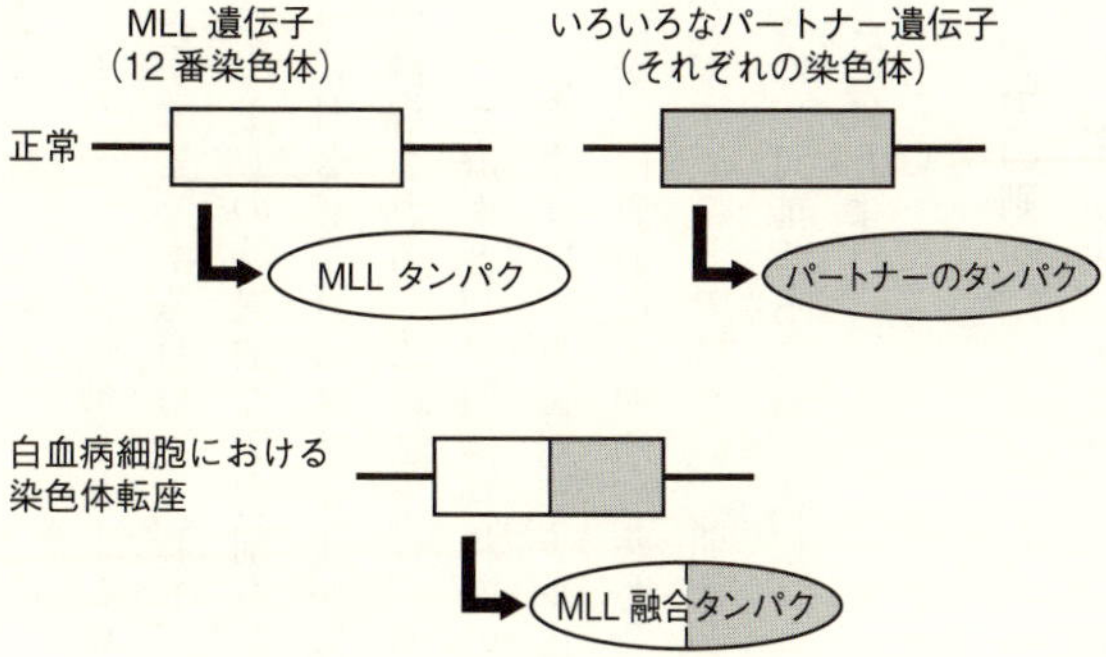

染色体の転座による融合遺伝子と融合タンパク

せることにより、白血病を治療できる可能性がある。

ＭＬＬは融合タンパクの片割れとしての頻度が高く、急性白血病の約五％に認められる。また、ＭＬＬが融合タンパクを作るパートナーは非常に多くて、これまでに七〇種類も報告されている。しかし、その融合タンパクの多くはＢＥＴファミリーという一群のタンパクと結合して白血病の発症に機能することがわかってきた。

ＢＥＴファミリーは、ヒストンアセチル化の読み手の一つで、アセチル化リジンに結合し、転写を促進する機能をもつタンパクである。このＢＥＴタンパクのクロマチンへのリクルートを阻害し、ＭＬＬ融合タンパクによる異常な転写促進を抑制することにより、ＭＬＬ白血病を治療するという戦略が考えられている。そのような阻害剤の開発はすでにおこなわれ、実験的には、ＭＬＬ融合タンパクが原因となる白血病を治療することができるようになっている。

もう一つ、活性型ヒストン修飾であるH3K79のメチル化を生じさせるヒストン修飾の書き手酵素であるDOT1Lも、複数のMLL融合タンパクと結合することが知られている。DOT1Lの特異的な阻害剤もすでに開発されており、その薬剤を細胞に投与すると、期待どおりにH3K79のメチル化が低下し、MLL融合タンパクを発現する細胞の増殖抑制と細胞死が誘導される。このことは、DOT1Lもエピゲノム創薬のターゲットになることを示しており、治療薬として期待されている。

このように、DNAメチル化阻害剤だけではなく、いろいろなヒストン修飾酵素の阻害剤などが、白血病などの治療薬として開発されていくだろう。しかし、エピゲノム創薬はそれほどたやすいことではない。期待がはずれて、次々と画期的な新薬が開発されるようなことにはならない可能性もある。次に、一つの例から、エピゲノム創薬の複雑さと難しさをのぞいてみることにしよう。

両刃の剣か

MLL以外にも、ヒストン修飾酵素が発がんに関与している例が知られている。抑制型修飾であるH3K27のトリメチル化酵素EZH2もその一つである。EZH2が発がんに関与していることは間違いないのだが、不思議なことに、がん遺伝子として機能する場合とがん抑制遺伝子として機能する場合の両方があるようなのだ。

多くの種類のがんにおいて、この遺伝子の発現が亢進しており、がんの悪性度や進行度に関与することがわかっている。また、EZH2が高発現しているようながん細胞においてその機能を阻害すると、細胞の増殖が抑制される。他にも、H3K27を脱メチル化する酵素の突然変異、すなわち、書き手であるEZH2と逆の働きをする消し手の機能低下が、いろいろながんにおいて高い頻度で見つかっている。これらの結果は、EZH2はがん遺伝子として機能することを示している。

ところが、白血病をはじめとする血液細胞の悪性腫瘍のゲノム研究により、EZH2の欠失や突然変異をもつ症例が少なからず存在することがわかってきた。また、マウスの造血幹細胞でEZH2を欠損させると、ある種の白血病が発症することも報告されている。これらの結果は、さきの例とは逆に、EZH2ががん抑制遺伝子として機能することを示唆している。

このように二面的な働きをするEZH2ではあるが、がん細胞の性質をきちんと解析して症例を選びさえすれば、がんの治療に使えるかもしれない。そういう考えから、EZH2阻害剤の開発が進められている。特殊な例かもしれないが、EZH2と発がんをめぐる複雑な話は、エピジェネティクス制御の不思議さ、面白さと、その制御を応用することの難しさを物語っている。エピゲノム創薬の将来については、第5章であらためてゆっくりと考えてみたい。

2 バーカー仮説と生活習慣病

意外な疫学調査結果

先進国において、がんとならんで問題とされる疾患は生活習慣病だ。本書の冒頭、オランダの飢餓の話で少しふれたが、胎児期の栄養と将来の生活習慣病との関連性が知られている。

それは、とある疫学的な調査から始まった。イギリスのバーカー博士による、イングランドとウェールズにおける疫学調査である。さすがはイギリス。公衆衛生の統計資料がしっかりしているのか、一九二一年から二五年にかけての新生児死亡率と、一九六八年から七八年における心筋梗塞などの冠動脈疾患による死亡率をきちんと解析することができた。その結果、半世紀の時をへだててはいるが、両者には有意の相関があることが明らかになった。

一九二〇年代における新生児死亡の最大の要因は出生時の低体重であった。そこで、新生児の体重と冠動脈疾患の発症に関係があるのではないかという、大胆な仮説がたてられた。一九一一年から一九三〇年の間に生まれた男性五〇〇〇人以上の追跡調査をおこなったところ、新生児期の体重が低いと、冠動脈疾患で死亡する率が高いということがわかったのである。

新生児の低体重には、二つの原因がある。一つは未熟児、予定よりも早く生まれてしまったことによるものである。もう一つは子宮内発育不全で、満期産、予定日付近の出産であるが十分に育っていない状態である。バーカーらの研究は後者、すなわち低栄養などが原因で子宮内において十分に育たなかった赤ちゃんが、後年、冠動脈疾患で死亡する率が高くなることを示していた。これについては、世界中で数多くの追試がおこなわれた。そして、冠動脈疾患だけではなく、高血圧、２型糖尿病、高脂血症、肥満といった生活習慣病などで、出生時の低体重がリスク要因になるという報告が数多くなされている。

第二次世界大戦末期のオランダにおける飢饉の際に生まれた子どもたちの話も同じようなことである。日本では昔から、「小さく産んで大きく育てる」と言われている。しかし、あまりに小さい赤ちゃんは、少なくとも統計的には、生活習慣病のリスクを負う可能性がある。最近はときどき、妊婦とは思えないほどスリム体型の人を見かける。電車の中でそういう人を見ると、思わず心配になってしまう。

母体内で低栄養にさらされ低体重で生まれた赤ちゃんは、将来、生活習慣病になりやすい。その考えは、最初の報告者であるバーカー博士の名前をとって、バーカー仮説と呼ばれている。また、栄養状態が悪かったお母さんのおなかの中で、少ない栄養源をなんとか効率よく倹約して利用できるようになったことが将来の生活習慣病につながっているという考えから、「倹約表現型」と呼ばれることもある。

さらには、慢性の肺疾患や心理状態、指紋のパターンにまで出生時低体重が関係するという報告まである。これらを総まとめにして、健康や病気は発生過程で大きく影響を受けるという考えから、「健康と疾病の発生における起源」、その英語頭文字をとって「ＤＯＨａＤ」という概念が提唱されている。出生時の低体重のような大雑把な指標が、生後何年にもわたって健康状態や病気の発症に関係するとは驚くべきことである。

メタボリック・メモリー

出生時低体重と生活習慣病の発症に相関がある、ということは間違いなさそうであり、バーカー仮説は広くうけいれられている。では、どうしてこのようなことが生じるのであろうか。相関があるとはいうものの、低体重そのものが生活習慣病の引き金になるというような直接的な因果関係は考えにくい。低体重をひきおこした原因が、なにかを介して生活習慣病の発症にもつながったと考えるのが妥当である。

わかりやすい例として2型糖尿病を例に考えてみよう。糖尿病とは、血液中のグルコース濃度が病的に高い状態であり、大きく1型と2型にわけられる。1型糖尿病は、インスリンを産生する細胞、膵臓のβ細胞が少なくなり、インスリンが不足するために発症する。それに対して2型糖尿病は、β細胞からのインスリン分泌が低下する、あるいはインスリンが機能しにくくなる、すなわちインスリン抵抗性になることが原因である。

インスリンの作用の一つは骨格筋や肝臓へのグルコースの取り込み促進である。胎児が低栄養にさらされた場合、インスリンの分泌が低下すると同時に、インスリン抵抗性が上昇し、骨格筋のような臓器へのグルコース取り込みが抑えられる。そうすることにより、赤ちゃんの発達にとって最重要な器官である脳に、できるだけ大量のグルコースをまわすようにするのである。

倹約表現型仮説とは、インスリンの作用を低下させ、血中のグルコース濃度を高く保つような表現型、すなわち、栄養が悪くても倹約してやっていけるような状態が生後もつづいているのではないかという仮説である。いつまでも低栄養がつづくのであれば、この表現型は生存戦略上有効である。しかし、出生後、栄養状態が改善された後になっても、インスリンの分泌低下やインスリン抵抗性の上昇が継続すれば血糖値が高くなり、糖尿病を発症してしまうという考えだ。

このような代謝における記憶「メタボリック・メモリー」は、どのように維持されているだろうか。低栄養がＤＮＡの突然変異を誘発するようなことはないので、遺伝子の変異によるということは考えられない。そして、その状態が長期間にわたって安定に維持される。となると、もっとも可能性が高いと考えられるのは、エピジェネティクス状態の変化なのである。

栄養エピジェネティクス

低体重で生まれた人には、インスリン分泌やインスリン感受性に関係する遺伝子のＤＮＡメチル化状態に異常があって、それが影響しているというのがいちばん考えやすい。しかし、ほんとうにエピジェネティック変異が倹約表現型の本態であるのか、というと現時点において確たる証拠はない。ただ、動物実験では、それに近い状態が再現されている。

妊娠ラットに手術をおこない、子宮動脈を結紮《けっさつ》して子宮への血流をおよそ半分に減らす。そうすると、子宮への栄養補給が不十分になり、子宮内発育不全の産仔を得ることができる。そのようにして生まれたラットを、通常の栄養状態で飼育する。通常の栄養状態といっても、倹約表現型からすると相対的には栄養過多であるから、そのようなラットは成長後に２型糖尿病を発症したという研究である。

第２章で述べたように、転写因子というのは、遺伝子の発現を制御するタンパクだ。膵臓やβ細胞の発生・分化には多くの転写因子がかかわっており、Ｐｄｘ－１もそのひとつである。また、Ｐｄｘ－１はβ細胞の機能を制御する転写因子でもあり、その発現を実験的に低下させると、β細胞からのインスリン分泌が低下し、２型糖尿病が発症することも知られている。子宮内発育不全から糖尿病を発症したモデルラットのβ細胞において、Ｐｄｘ－１遺伝子のエピジェネティクス状態が解析された。

正常なラットでは、制御領域に活性型のヒストン修飾が認められ、ＤＮＡのメチル化はほとんどない。このような転写活性型のエピジェネティックな状態が正常なインスリン分泌をもたらしている。それに対して、子宮内発育不全ラットでは、すでに胎仔の段階において、ヒストンの脱アセチル化が認められる。以後、成長するにつれて次第に抑制型のヒストン修飾が増加し、最終的にはＤＮＡメチル化も生じることがわかった。すなわち、子宮内発育不全ラットではエピジェネティクス制御によってＰｄｘ－１の発現が抑えられ、インスリンの分泌不全から

2型糖尿病にいたる、というストーリーが確認されたのである。

こういうことが実際にヒトでもおこっているかというと、わかっていない。ヒトの場合、たとえ、成人してからの2型糖尿病で同じような変化が見られたからといって、それが胎児期の低栄養によるものと確定することは困難である。かといって、胎生期から成長段階を経て膵臓の組織を採取してしらべつづける、ということも不可能である。

オランダの飢餓の際に胎生初期であった人たちについて、六〇年後に血液細胞のDNAメチル化をしらべたという研究がある。その結果、インプリンティング遺伝子の一つであるIGF2(インスリン様成長因子2)の制御領域におけるDNAメチル化が、飢餓を経験した群では、コントロール群に比較して、低下していたことが明らかになっている。ただ、これも、飢餓が胎生期のDNAメチル化になんらかの影響を与えうることを示唆はするものの、この結果だけで生活習慣病などの発症を説明できるようなものではない。よほど大きなブレークスルーでもなければ、ヒトにおいてこういったことを完全に証明するのは不可能かもしれない。

スウェーデンの寒村で

もう一つ、疫学から明らかにされた面白いトピックスを紹介しよう。今度は、スウェーデン北部のノールボッテン地区の話である。グーグルアースで見てみるとわかるが、人がまばらにしか住んでいない地域であり、昔は交通の便が悪く、周辺地域とも隔絶されたような場所であった。そのような場所であったから、農作物の収穫が悪い年には住民は飢え、豊作の年は飽食した。予防医学の専門家が、この地方における一九〇五年生まれの九九人を出発点にして、その親と祖父母が若かったころの農作物の生産量との関係を調べてみた。

驚くべきことに、少年時代に飽食を経験した男性の息子と孫息子は寿命が短いことがわかったのである。孫息子では平均年齢が六歳も早死にであった。さらに社会経済的な因子を考慮して補正すると、なんと三二歳も寿命が短いということになった。同じ地区の別の研究では、女性でも同じような結果が得られている。

祖父の栄養過多が、どのようにして息子や孫息子に影響したのであろうか。たくさん食べたからといって、当然ながら、ゲノムの塩基配列に突然変異が生じることはありえない。それに、この場合は、バーカー仮説の場合と違って、母親の胎内で影響を受けた個体ではないし、二世代下まで影響が伝わっている。

女性の場合は、子宮の中での環境が影響したという可能性も否定しきれない。しかし、男性の場合は精子を経て伝達されたということになる。こうなると、エピジェネティクス以外はほとんど考えられない。ただ、この研究はけっこう有名なのであるが、昔の記録を頼りにした小規模なものにすぎず、「真実」のエビデンスとしてはいささか弱いと言わざるをえない。

このようなことをヒトにおいて人為的にコントロールしておこなう研究などできはしないし、一回きりの特殊な例として片付けられてしまったほうがいいのかもしれない。しかし、面白いことに、同じような現象、エピジェネティクス状態が親から子へと遺伝しているように見える現象が動物実験で示されている。

メタボの遺産

ラットを高脂肪食で飼育し、その子どもに影響がでるかどうかという実験である。こういった研究では、通常、親にはオスが用いられる。それには二つの理由がある。一つは生殖細胞の発生・分化の違いである。卵細胞は、生まれてきた時点においてすでにほぼできあがっているので、飼育状況を変えたところで大きな影響がおよぶ可能性が低い。それに対して、オスでは精子形成はずっと継続しているので、食餌などの影響が現れる可能性がある。

もう一つは、胎仔は母親の子宮の中で育つということである。次の世代へ遺伝するかどうかを見るときには、精子・卵子といった生殖細胞が有する遺伝情報（DNAの情報だけではなく、エピジェネティックな情報も含めてという意味での遺伝情報）以外の影響をできるだけ排除しなければならない。バーカー仮説のところで述べたように、胎生期にさらされた環境は生後も影響を与える可能性があるので、それを排除するためにもオスの親を用いる必要があるのだ。

高脂肪食で育てられたオスのラットは、脂肪がふえて肥満になり、インスリン抵抗性を示して高血糖になった。その娘のラットたちには脂肪の増加や肥満は認められなかったが、インスリン分泌の低下と耐糖能の異常という糖尿病に似た状態が発生し、加齢とともに悪化していった。

そのような娘ラットのβ細胞では、多くの遺伝子において発現の異常が認められた。そして、発現にもっとも大きな変化が認められた遺伝子の制御領域ではＤＮＡメチル化が低下していた。そのことから、親の栄養状態が子どもの遺伝子発現の異常に関与しているのではないかと結論づけられている。

この、栄養状態が「遺産」のようにひきつがれる現象は、大きな驚きをもって迎えられた。こう書くと、すべてが解決されたかのように見える。しかし、残念ながら、この論文のデータをよく見るとそれほど明瞭になったとは思えない。遺伝子発現に異常が認められたとはいうものの、最も変化の大きかった遺伝子ですら二倍以下の増加でしかない。それに、発現に大きな変化が認められた遺伝子は糖尿病の発症に直接関係することはなさそうであるし、Ｐｄｘ－１のようにインスリン分泌に直接的な影響を与える遺伝子の発現低下などは認められていない。ほんとうに、示されている遺伝子発現の異常だけで娘ラットの糖尿病様の病態が説明できるのか。また、その遺伝子発現の異常がエピジェネティックな異常によって説明できるのか。それには、やや疑問が残ってしまうのだ。

精子に影響？

もうひとつ、父親の食餌が子どもの遺伝子発現に影響を与えるという、マウスでの研究がある。これは高脂肪食ではなく、低タンパク食を与えた場合の影響である。低タンパク食を与えられた父親から生まれた子どもの肝臓では、脂質やコレステロールを合成するための遺伝子発現が上昇していたというものだ。

この研究では、子どものマウスの肝臓におけるＤＮＡメチル化状態が調べられており、あまり大きくないとはいうものの、多くの遺伝子で変化が認められている。また、脂質代謝を制御する転写因子の遺伝子のＤＮＡメチル化も変化していたことが示されている。しかし、これらのメチル化異常が、肝臓における遺伝子発現にどの程度影響を与えているのかという点は定かでない。

では、どのようにして父の栄養環境が子の肝臓での遺伝子発現へと伝わったのであろうか。当然、精子を介してでしかありえない。そこで、精子のゲノムにおけるＤＮＡメチル化状態が調べられたが、低タンパク食を与えられたマウスと普通の食餌を与えられたマウスにおいて、有意な差は認められなかった。ヒストン修飾にすこしだけ変化が認められているが、これもどれくらい意味があるかはわからない程度でしかない。

高脂肪食と低タンパク食の実験結果は、エピジェネティックな影響が子へと遺伝する可能性を示唆してはいる。しかし、残念ながら、少なくとも現状ではそのメカニズムを証明したといえる段階にはない。それに、第２章で述べたように、受精卵ではほとんどのＤＮＡメチル化が消されるなど、リプログラミングが生じるのである。たとえ、精子においてエピジェネティックな変化が生じていたとしても、リプログラミングをいかにして免れているのかという問題が残っている。他のメカニズムが考えにくいので、おそらくエピジェネティクスであろうという気はするのであるが、まったく未知の分子機構が存在する可能性も否定はできない。

ほかにも、いろいろな疾患の発症にエピジェネティクス制御が関与しているのではないかと考えられている。代表的な例として、自閉症や統合失調症といった精神疾患、あるいは免疫細胞が自己の細胞を他者と誤って攻撃してしまう自己免疫疾患などをあげることができる。

このような疾患においてエピジェネティックな異常が認められるという内容の論文が数多く報告されているが、それが疾患の原因であると確定されているものはほとんどない。解析の方法論が不十分であるのかもしれないし、エピジェネティックな異常が副次的なものにすぎない可能性もある。これらのことについては、第5章であらためて議論したい。

がんや生活習慣病におけるエピジェネティクスの関与は、なんとなくもやもやしていると思われるかもしれない。言い訳をさせてもらうと、研究がこれくらいまでしか進んでいないからしかたがない、としか言いようがないのである。

一方で、稀な疾患ではあるが、エピジェネティクス制御がヒト疾患の原因になっている病気、逆の言い方をすると、ヒトの正常な発生・分化にはエピジェネティクス制御がきわめて重要であることを示す疾患がいくつか知られている。それらは、DNAメチル化やヒストン修飾の書き手や読み手の異常によってひきおこされる疾患である。そのいくつかを紹介する。

ICF症候群

相同遺伝子組換えという方法を用いて、特定の遺伝子を破壊した遺伝子ノックアウトマウスを作成することが可能である。そのようなマウスを用いて、ある遺伝子の機能を解析する方法は逆遺伝学と呼ばれており、遺伝子機能の解析に多大な貢献をしてきた。それに対して順遺伝学は、遺伝的な異常が先にあって、その原因遺伝子をさぐる方法である。ノックアウトマウスが最初に作られたのは一九八〇年代であるから、順遺伝学の方がはるかに歴史は長い。実験動物における順遺伝学もおこなわれてきたが、なんといっても、順遺伝学的なデータは、ヒトの遺伝性疾患の研究において大量に蓄積している。

かつては方法論が限られていたために、代謝に異常があるとか、骨格に異常があるとかいうように、原因となるタンパクを解析しやすい疾患、そしてある程度は頻度の高い疾患でないと原因遺伝子を探るのが困難であった。しかし、分子生物学の進歩により、いろいろな手法が開発され、稀な疾患であっても、原因遺伝子がわかるようになってきている。

免疫不全、細胞分裂に関係する中心体の不安定性、顔貌の異常を意味する英語の頭文字をとった「ICF症候群」という疾患が知られている。ICF症候群とは、このような多彩な症状を示す、常染色体劣性に遺伝する非常に稀な先天性疾患である。

この症候群の遺伝子異常が調べられた結果、新規DNAメチル化酵素の一つであるDNMT

3bの異常によって発症することが明らかになった。また、ゲノム全体でのDNAメチル化状態(メチローム)の解析において、染色体の部位や遺伝子によって差はあるものの、全体としてはDNAメチル化が四割も低下していることがわかっている。

一方、DNMT3bを欠損するマウスは、胎生期あるいは生後すぐに死んでしまう。これらのことから、ICF症候群におけるDNMT3bの異常は、その機能が完全に損なわれているのではなく、DNAメチル化能が低下したものと考えられている。その結果、DNAの低メチル化状態から染色体が不安定になり、免疫機能や発生、あるいは神経系に関係する遺伝子の発現に異常が生じるのだ。

歌舞伎症候群

ICF症候群がDNAメチル化の書き手に関係した異常による疾患であるのに対して、歌舞伎症候群という、ちょっと変わった名前をもった病気は、ヒストンを修飾するメチル化の書き手タンパクの異常により発症する稀な疾患である。

この疾患は、一九八一年、日本の二つのグループによって報告されたものだ。そのうちの一つである長崎大学のグループが「歌舞伎化粧症候群」として発表したことから、この名で呼ばれている。名前が示すように、歌舞伎役者の化粧を思わせるような切れ長に見える目が特徴である。他にも、耳や鼻の奇形や、脊柱の異常、心血管系の奇形、易感染性などが症状として認められる。

この疾患の患者のほとんどにおいて、ＭＬＬ２遺伝子の機能喪失型突然変異が認められたことから、ＭＬＬ２が原因遺伝子であるとされている。ＭＬＬ２は、Ｈ３Ｋ４をメチル化する活性を有している酵素、すなわち活性型ヒストン修飾の書き手である。遺伝様式は常染色体優性であり、二つあるＭＬＬ２遺伝子の片方に異常があれば発症することから、おそらくＭＬＬ２の量的な不足によって発症するものと考えられている。

第２章で説明した、ヒストンアセチル化酵素活性をもった書き手であり、かつアセチル化リジンの読み手でもある転写のコアクチベーター－ＣＢＰの異常によってひきおこされる疾患も知られている。ルビンスタイン・テイビ症候群と名付けられた、幅広い親指と特有の顔貌、低身長、学習障害などを特徴とする稀な先天奇形症候群である。また、ＣＢＰと同じくヒストンアセチル化の書き手にして読み手、そして、転写のコアクチベーターであるｐ３００の突然変異でも同じ症状が認められる。

3　ゲノム刷り込みが関与する疾患

プラダー・ウィリーとアンジェルマン

プラダー・ウィリー症候群とアンジェルマン症候群という先天性疾患がある。かつては、ある疾患を発見したら、栄誉として、それを報告した医師の名前が病名としてつけられた。当然、病気の性質とはなんの脈絡もなくつけられているし、めったやたらと数が多いので、医学生泣かせなのであるが、この二つの疾患名も例外ではない。いずれの疾患も頻度は高くないが、エピジェネティクスおよびゲノム刷り込みの観点から有名な疾患である。

プラダー・ウィリー症候群は、低身長、筋緊張の低下、性腺機能不全、認知機能の障害や肥満を呈する疾患である。それに対して、アンジェルマン症候群は、発達障害や言語障害、睡眠障害、けいれん、失調性歩行や四肢の震え、および、興奮といったある種の行動異常を症状とする疾患であり、頻繁に笑うことから「笑顔のあやつり人形症候群」とも呼ばれる疾患である。これら症状の違いから、両者が異なった症候群であることは間違いない。

この二つの症候群の原因となる遺伝子が、何番目の染色体のどの部位に存在するかが解析された。その結果、いずれもが一五番染色体の長腕のほぼ同じ領域の欠失によって生じることがわかった。驚いたことに、染色体の同じ部位が欠失しているのにもかかわらず、その欠失した遺伝子を母親から受け継ぐか父親から受け継ぐかによって、いずれかの病気を発症することが明らかになった。特定の染色体部位の欠失が母親に由来する場合にはアンジェルマン症候群が、父親から由来する場合には逆に、プラダー・ウィリー症候群が発症することがわかったのである。

この不思議な遺伝様式は、原因遺伝子がインプリンティング遺伝子であることがわかると、すっきり理解できる。結論としては、次の二点である。①染色体の欠失部位に、プラダー・ウィリー症候群の原因遺伝子（欠失することによってプラダー・ウィリー症候群が発症する遺伝子。ＰＷ遺伝子と略記）と、アンジェルマン症候群の原因遺伝子（欠失することによってアンジェルマン症候群が発症する遺伝子。ＡＧ遺伝子と略記）の両方が存在する。②ＰＷ遺伝子が母性インプリンティング遺伝子であり、ＡＧ遺伝子が父性インプリンティン

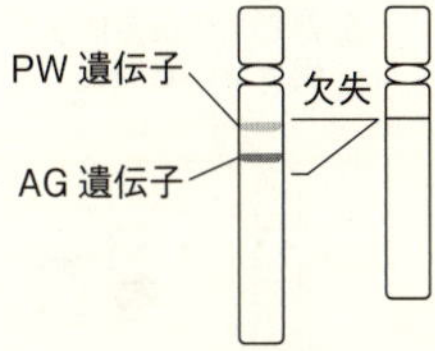

15 番染色体．PW 遺伝子（プラダー・ウィリー症候群の原因遺伝子）は，母性インプリンティング遺伝子＝父親由来の染色体でのみ発現する．AG 遺伝子（アンジェルマン症候群の原因遺伝子）は，父性インプリンティング遺伝子＝母親由来の染色体でのみ発現する

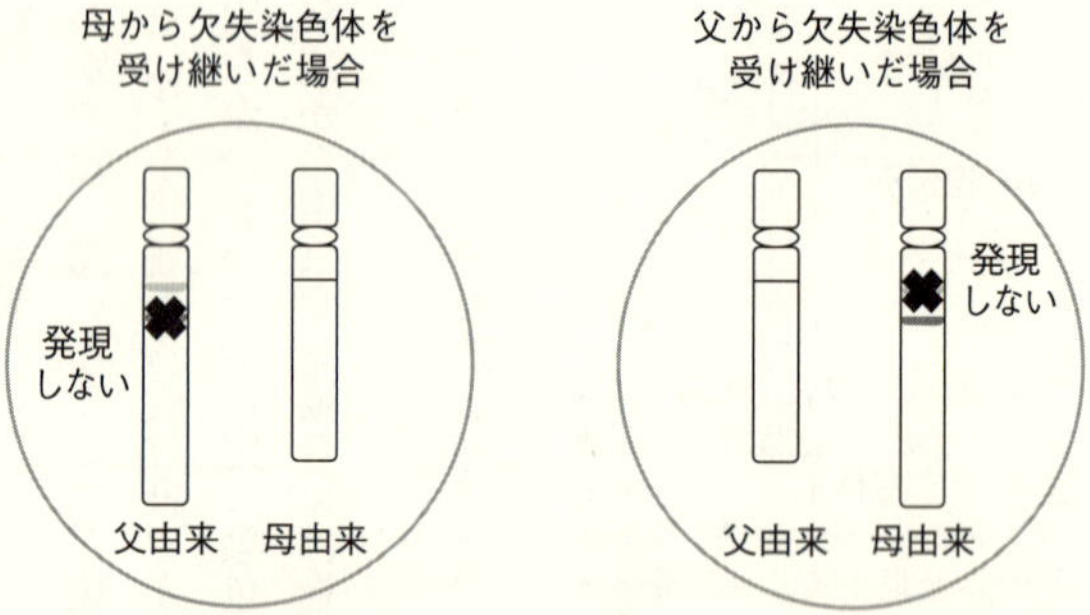

アンジェルマン症候群(左)とプラダー・ウィリー症候群(右).
15番染色体長腕の欠失と2つの症候群

グ遺伝子である。

母親から、PW遺伝子とAG遺伝子の両方を欠失する一五番染色体を受け継いだ子どもを考えてみよう(図左)。この場合、父親からはPW遺伝子とAG遺伝子の両方とも正常な遺伝子が引き継がれている。しかし、AG遺伝子は父性インプリンティング遺伝子であるから、精子形成の過程においてDNAのメチル化が生じ、受精後もそのメチル化が維持されて発現が抑制される。したがって、染色体上に存在してはいるが、発現という観点からはその遺伝子が存在しないのと同じ状態になっている。一方、母親から受け継いだ染色体には、本来ならば発現するはずのAG遺伝子が存在しない。その結果として、AG遺伝子の発現がないため、アンジェルマン症候群を発症してしまうのである。

一方、同じ欠失をもつ染色体を父親から受け継いだ場合(図右)では、上記と逆の状況になるために、母性インプリンティング遺伝子であるＰＷ遺伝子の発現がなくなり、プラダー・ウィリー症候群を発症する。このように、染色体レベルでは同じであっても、欠失をもった一五番染色体をどちらの親から受け継いだかによって異なる疾患を発症するのだ。このことから、インプリンティングというエピジェネティクス制御が、これら二つの疾患の発症様態に大きく関与していることがわかる。

片親性ダイソミー

正常な一五番染色体が二本そろっているにもかかわらず、アンジェルマン症候群あるいはプラダー・ウィリー症候群、どちらかの病気を発症する場合がある。このような症例の染色体解析から、一五番染色体が二本とも父親に由来する場合にはアンジェルマン症候群を、母親に由来する場合にはプラダー・ウィリー症候群を発症することがわかっている。

二本ある常染色体は、通常、父親由来と母親由来が一本ずつだが、ごく稀に、このように父親由来か母親由来の染色体が二本になる異常の生じることがある。メカニズムはよくわかっていないが、おそらく発生の早い段階において染色体の分裂異常が生じるためと考えられている。このように、ある染色体が二本とも片側の親に由来する現象を片親性ダイソミーという。ちな

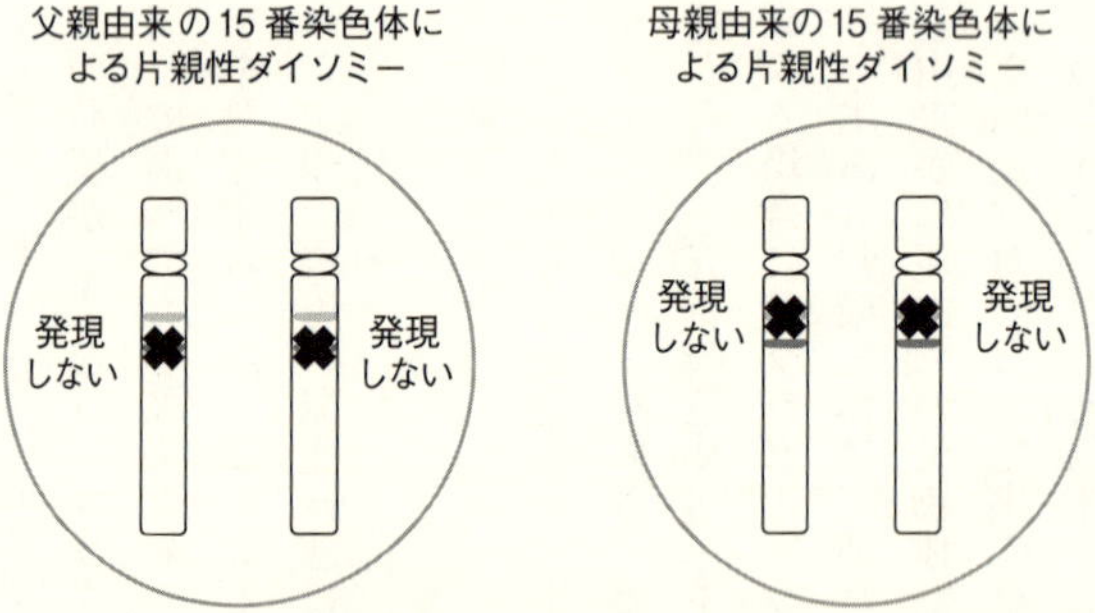

アンジェルマン症候群（左）とプラダー・ウィリー症候群（右）.
15番染色体の片親性ダイソミー

みに、ある染色体が一本しかない場合がモノソミー、二本ある場合がダイソミー、三本ある場合がトリソミーである。

父親由来の一五番染色体による片親性ダイソミー、すなわち一五番染色体が二本とも父親由来である場合、AG遺伝子は父性インプリンティング遺伝子であるから、二本ある染色体の上にあるAG遺伝子のどちらもが不活性化され、発現しない状態になっている。その結果として、アンジェルマン症候群を発症するのである。逆に、母親由来の一五番染色体の片親性ダイソミーの場合は、PW遺伝子が不活性化されるために発現せず、プラダー・ウィリー症候群を発症する。いずれの場合であっても、ゲノムDNAが完全にそろっているにもかかわらず、これらの遺伝子がインプリンティングをうける、すなわち、エピジェネティックな制御をうける遺伝子であるために、こういった疾患が生じるのだ。

ベックウィズ・ウィードマン症候群もインプリンティングが発症に関与することが知られている疾患である。この疾患は、過成長や、内臓肥大、臍ヘルニアを特徴とする疾患であり、ウィルムス腫瘍という小児の腎腫瘍を合併する場合もある。この疾患は、一一番染色体の短腕にある遺伝子領域の異常が発症の原因である。その領域には、がん抑制遺伝子の一つで細胞周期を制御する父性インプリンティング遺伝子ＣＤＫＮＣ１や、増殖因子の一つである母性インプリンティング遺伝子ＩＧＦ２が存在する。

一一番染色体の父性片親性ダイソミーによっても、この疾患が発症する。母性インプリンティング遺伝子であるＩＧＦ２遺伝子について考えてみよう。母親と父親から受け継いだ一一番染色体が一本ずつ、すなわち正常な場合であれば、父親由来である一一番染色体上のＩＧＦ２遺伝子しか発現しない。それに対して、父性片親性ダイソミーでは、父親由来の一一番染色体が二本になるので、両方からＩＧＦ２遺伝子が発現してしまう。そのために発現量が過剰となって、この症候群の一因になるのである。

体外受精の影響

染色体の欠失や片親性ダイソミー、あるいは遺伝子の突然変異がなくとも、ベックウィズ・ウィードマン症候群のようなインプリンティング遺伝子の異常による疾患が発症することがある。このような症例では、それぞれの原因遺伝子のエピジェネティックな状態に異常が生じるために発症すると考えられている。

ここでもベックウィズ・ウィードマン症候群のＩＧＦ２遺伝子を例にとって説明してみよう。母親由来のＩＧＦ２遺伝子は、本来ＤＮＡメチル化のために不活性化されているはずである。ところが、何らかの原因でＤＮＡのメチル化が低下すると、母親由来のＩＧＦ２遺伝子も活性化され、ＩＧＦ２の量が過剰になって、この病気の原因になるのである。

このように、エピジェネティックな異常による変異は、英語ではエピジェネティックのエピと、突然変異を意味するミューテーションを組み合わせて、エピミューテーションと呼ばれている。無理に日本語にすれば、「エピ変異」あるいは「エピ突然変異」なのであるが、どうも不細工な感じがするので、エピジェネティック変異と呼んだ方が自然かもしれない。

発生過程において、どの段階で、どのようにして、エピジェネティックな状態に異常が生じるために発症するのかはよくわかっていない。しかし、一卵性双生児ではベックウィズ・ウィードマン症候群の発症頻度が高いことが報告されている。このことなどから、おそらく、受精後、子宮に着床する前といった発生の非常に早い段階において、エピジェネティック変異が生じて発症するのではないかと考えられている。

先進国において、最近では、赤ちゃんのおよそ一～三％が、体外受精によって生まれてくる。体外受精では、着床前の初期胚の操作をともなうので、DNAメチル化に異常をきたす可能性があると指摘されている。また、体外受精卵ではDNAのメチル化が全体的に低下しているという報告もある。実際に、体外受精によって生まれた子どもにおいて、アンジェルマン症候群やベックウィズ・ウィードマン症候群の発症頻度が高いという報告もある。

しかし、より大規模な症例研究では、ベックウィズ・ウィードマン症候群の発症率に違いはなかったとするものもあり、現時点では確定的な結論がでていない。また、体外受精によって生じるエピジェネティクス状態の異常が、インプリンティング遺伝子の異常といった稀な疾患だけではなく、生活習慣病など他のいろいろな疾患の発症に影響をあたえる可能性があるのではないかと考える人もいる。これらについては、今後の大規模かつ長期間にわたる詳細な検討が待たれるところである。

第5章　エピジェネティクスを考える

この章では、まず、ＲＮＡとエピジェネティクス、次に、エピゲノムという、最近、どんどん重要性を増してきているトピックスについて説明する。そして、生命科学研究における考え方とはどういうものかを紹介し、それにもとづいて、ここまで書いてきたエピジェネティクスというものをいかに解釈したらいいいか、そしてその将来は、というように話を進めていきたい。

1　三毛猫とX染色体

非コードRNA

エピジェネティクスとは、DNAメチル化とヒストン修飾による遺伝子発現制御機構である、ということで話を進めてきた。しかし、その分子機構として、RNA、とくにタンパクをコードしない「非コードRNA」をあげている解説もしばしば見受けられる。混乱をきたすといけないので、すこしそのあたりの説明をしておきたい。

非コードRNAとは、文字どおり、タンパクをコードしないRNAである。ずいぶんと昔から、トランスファーRNA（tRNA）や、リボソームRNA（rRNA）といった、タンパク合成に直接かかわるものは知られていた。しかし、一九九〇年代になり、遺伝子発現の調節、とくに、メッセンジャーRNA（mRNA）からタンパクへの翻訳を制御する機能をもった小分子非コードRNAが発見され、がぜん脚光を浴びるようになってきた。

最初に発見されたのは、マイクロRNA（miRNA）という二〇〜二五塩基の一本鎖RNAである。miRNAは、ターゲットのmRNAに結合して翻訳を阻害する、あるいは、分解を促進することによって、遺伝子の発現を抑制する。ｍｉＲＮＡはすべての細胞に発現していて、さまざまな生命現象に関与するだけでなく、がんなどの発症にも重要な役割を有していることがわかっている。

次に発見されたのがｓｉＲＮＡという二一〜二三塩基対からなる小分子二本鎖ＲＮＡである。主として植物や線虫において、ターゲットのｍＲＮＡを分解して遺伝子発現、とくに感染したウイルスの遺伝子発現を抑制する。また、女王バチの研究で紹介したように、いろいろな遺伝子の発現を抑制する実験に用いられる。

もう一つの小分子非コードＲＮＡはｐｉＲＮＡ（パイ・アール・エヌ・エーと読む）である。ｐｉＲＮＡは二六〜三一塩基とｍｉＲＮＡやｓｉＲＮＡよりも少し長い、生殖細胞にほぼ特異的に発現する一本鎖ＲＮＡである。ほ乳類では、ｐｉＲＮＡを介したＤＮＡメチル化によって、精子形成におけるレトロトランスポゾンの発現が抑制されると考えられている。

ｍｉＲＮＡによっておこなわれるｍＲＮＡの分解促進や翻訳抑制もエピジェネティクス制御にくわえられることもある。また、酵母でのｓｉＲＮＡによるヘテロクロマチン形成や、ほ乳類でのｐｉＲＮＡによるレトロトランスポゾンのＤＮＡメチル化などは、小分子ＲＮＡのエピジェネティクスへの関与といえるものだ。

これら小分子RNAだけでなく、もっと長い非コードRNA(長鎖非コードRNA)が存在し、エピジェネティクス制御に関与していることがわかってきている。そのうちもっとも歴史があり、研究が進んでいるのは、X染色体の不活性化における非コードRNAの機能である。

メスはモザイク

ほ乳類の性染色体は、オスではXY、メスではXXである。メスにはY染色体がないので、Y染色体には、生命機能に重要な遺伝子はほとんどなく、ほぼオスになることを決定する遺伝子だけが存在している。一方、X染色体には約一〇〇〇個もの遺伝子が存在している。ごく単純に考えると、X染色体上の遺伝子はメスにおいて倍量が存在しているのであるから、発現が二倍になってしまいそうだ。しかし、実際にはそうならないように、メスでは二本あるX染色体のうち、一本が不活性化されている。

メスの細胞において、二本のX染色体の状態が違っている、すなわち、一方だけが転写を抑制されたヘテロクロマチン状態になっていることを最初に見つけたのは、大野乾《すすむ》であった。ただし、そのとき大野は、精子由来のX染色体、すなわち父親由来のX染色体が受精後にヘテロクロマチン状態になり、不活性化されているのであろうと考えていた。

一九五九年に報告されたこの研究をうけて、イギリスのメアリー・ライアンは、胚発生の初期に二本のX染色体の一方がランダムに不活性化されるという説を発表した。また、ほぼ同時に、X染色体上の酵素欠損症について研究していた大野の友人で血液学者のアーネスト・ビュートラーも、ライアンとほぼ同じ結論を導き出していた。

X染色体の不活性化は、細胞生物学的に重要な発見であるだけでなく、遺伝子発現がエピジェネティックに制御されることを示す最初の例でもあった。この現象はライアンの名前をとって、ライオナイゼーションと呼ばれることもある。大野乾が講演で、三人のうちライアンだけがこの問題にしつこく取り組み続けたので、現象にライアンの名前が残ったと語っていたのをよく覚えている。

大野乾という人は、日本人離れしたスケール感をもった生物学者であった。研究者生活のほとんどをロサンジェルスにあるシティー・オブ・ホープ研究所で過ごし、性決定や遺伝子進化について壮大な仮説をたてていった。なかでも有名なのは、既存の遺伝子の冗長なコピーが作られていくこと、すなわち遺伝子の重複が進化の原動力であったとする、「遺伝子重複による進化」という考えである。

これを説明するために、遺伝子だけでなく、世の中はすべて一創造百盗作であると論じているのが面白い。ゴッホやモーツァルトのような天才でも、創造したのは一回きりであって、後は自分の作品の模倣にすぎない。だからこそ、どの作品も、見たり聴いたりすればゴッホやモーツァルトのものだとわかるという説明だ。煙に巻かれたような気もするが、なかなかの卓見である。

ギボンの『ローマ帝国衰亡史』を熟読して学んだという語学の達人である大野に、講演会で「どうやったら英語が上達しますか」という質問がとんだ。そのときの答えは「まず一年間ラティン（ラテン語）を勉強しなさい」であった。やはり煙に巻かれたような気がするのであるが、こういう人こそが次の世代に夢を与える科学者だと感心した。

話がそれてしまった。重要なことは、ほ乳類のメスは、X染色体の遺伝子発現からいうと、二種類の細胞から構成されていることである。言い換えると、父親に由来するX染色体だけが活性化されている細胞と、母親に由来するX染色体だけが活性化されている細胞との「モザイク」になっているということである。そして、そのX染色体の不活性化は、発生のかなり早い段階において、まったくランダムに生じるのである。

三毛猫の誕生

X染色体の不活性化といえば三毛猫の出番だ。猫の毛色に関係する遺伝子はいくつも知られているが、三毛猫の誕生を説明するためには、常染色体上にある白斑をつくる遺伝子と、X染色体上にあるオレンジ遺伝子がわかればいい。白斑をつくる遺伝子にくわえて、二本あるX染色体のうち、片方が茶色を発現する遺伝子（O）、もう片方が茶色を発現しない遺伝子（o）を持っているメス猫が三毛猫なのである。

このようなネコでは、白色以外の場所の色がオレンジ遺伝子によって決定される。オレンジ遺伝子はX染色体上の遺伝子であるため、二本のX染色体にOとoが存在していても、X染色体の不活性化によって、ある細胞ではOかoのどちらかしか機能しない。Oの場合は茶色に、oの場合には茶色ではなくバックグラウンドとしての黒色になる。したがって、白、茶色、黒色の三色になるのである。

きわめて稀に、オスでも三毛猫が生まれることがある。染色体に異常があって、XXYと性染色体を三本持っている場合だ。このような場合でも、二本あるX染色体のうち一本が不活性化されるので、三毛猫が生まれるのである。

すこしクローン動物の話にそれる。一九九六年にクローン羊のドリーが生まれるまで、ほ乳類では、体細胞核を用いた核移植クローン動物の作出は不可能ではないかと考えられていた。理由の一つは一九八〇年代にあった捏造事件である。カール・イルメンゼーらは、核移植クローンマウスの作成に成功したという論文を華々しく発表した。しかし、この研究は再現できず、データにも問題があるとされた。

捏造があったからといって、必ずしもその実験が不可能ということにはならない。しかし、悪いことに、第2章で紹介した前核の移植実験から、ほ乳類では雌性前核と雄性前核のそろうことが必要であるから、体細胞核移植では正常な発生は不可能ではないかという意見が出されてしまった。こういった事情があって、なんとなく、ほ乳類の核移植クローン動物はできないと多くの人が思い込んでいた。

しかし、ロスリン研究所のイアン・ウィルマットらは研究をつづけ、ヒツジで核移植クローン動物の作成が可能であることを示したのだ。いったんできるとわかると、他の種の動物、ウシ、マウス、イヌ、ウマ、ネコなどでも、核移植クローン動物作成が可能であるという報告が相次いだ。

さて、本題にもどろう。三毛猫の体細胞核移植クローンを作成したら、元と同じ模様の三毛猫ができるだろうか？　答えはノーである。核移植によって同一のゲノムを受け継いだとしても、X染色体の不活性化は受精した後にランダムにおこるものである。だから、三毛猫の模様はけっして同じにはならないのだ。

不活性化の引き金

染色体転座についての詳細な研究から、X染色体の不活性化には、X染色体全体ではなく、X染色体不活性化センター（Xic）と呼ばれるX染色体上の領域が必要かつ十分であることがわかっていた。そして、ヒトでのXicが同定されると同時に、Xicから産生されるRNAがあって、そのRNAは不活性化される側のX染色体からのみ発現するということが明らかになった。

この約一万七〇〇〇塩基からなるRNAは、X染色体不活性化特異的転写産物（Xist。イグジストと読む）と名付けられた。RNAがタンパクへと翻訳されるには、RNAが核から細胞質に出なければならない。しかし、XistのRNAは、核から外へ出ることがない。タンパクに翻訳されることのない非コードRNAの一つなのである。

その分子機構はわかっていないが、XistのRNAは、転写された側のX染色体（不活性化される側のX染色体）にのみ蓄積していく。そして、XistのRNAが局在する染色体領域か

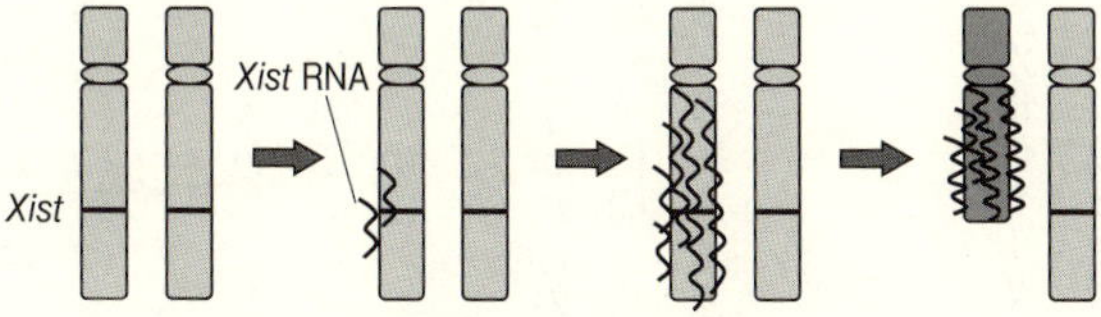

Xist による X 染色体の不活性化

ら、転写をおこなう酵素であるＲＮＡポリメラーゼが排除される。ついで、活性型のヒストン修飾が消失し、抑制型のヒストン修飾が出現する。さらに、制御領域のＤＮＡメチル化が高度になり、遺伝子発現の抑制が完成される。

シロイヌナズナの春化現象においては、ＣＯＬＤＡＩＲ（コールドエアー）などという、ちょいとしゃれた名前がつけられた長鎖非コードＲＮＡが、抑制型のヒストン修飾の誘導に関与することがわかっている。また、ほ乳類では、ヒストン修飾を介してインプリンティング遺伝子の発現を抑制する長鎖非コードＲＮＡが存在することも報告されている。生殖細胞特異的な小分子ＲＮＡであるｐｉＲＮＡは、塩基配列特異的にレトロトランスポゾン遺伝子のＤＮＡメチル化を誘導すると考えられている。ほかにも、たくさんの非コードＲＮＡが生命現象に重要な機能をもっていることがわかってきている。しかし、これら、非コードＲＮＡによるエピジェネティクス制御については、未解明のこともたくさん残されており、今後のさらなる研究が待たれるところである。

第1章では、エピジェネティクスの定義として、「DNAの塩基配列の変化をともなわずに、染色体における変化によって生じる、安定的に受け継がれうる表現型である」と述べた。エピジェネティクス制御に、RNAによる遺伝子発現制御が含められることもあるが、この定義での「染色体における変化」という点からいうと、RNAをエピジェネティクスの一部としてとりいれるのはすこし拡大解釈かという気がする。

たしかに、エピジェネティック現象に関係する非コードRNAはたくさん存在する。しかし、それらであっても、最終的な遺伝子発現制御は、ヒストン修飾やDNAメチル化制御を介しておこなわれるのである。意見は必ずしも一致しないかもしれないが、エピジェネティクス制御の分子機構としてはやはり、ヒストン修飾とDNAメチル化としておいたほうが座りがよいし、すっきりするだろう。

2　エピゲノム解析

次世代シーケンサーとエピゲノム

オーム(ome)とは、「すべて」とか「完全」を意味するギリシャ語の接尾辞である。女王バチの発生に関して、ＤＮＡメチル化の総体であるメチロームを例にとって紹介したように、オーム解析は網羅的にすべてのことを解析する研究手法をいう。ゲノム全体におけるエピジェネティクスの総体をまとめて解析するのが、エピゲノム解析である。塩基配列に依存しない遺伝子発現調節を包括的に解析してしまおうというのだ。したがって、これから時々でてくるエピゲノム状態という言葉は、ゲノム全体におけるエピジェネティクス状態という意味になる。

ゲノム解析が生命機能の解明にもたらした貢献はきわめて大きい。ゲノム情報を、ＡＣＧＴが並んだ一次元の情報とすると、エピゲノムは、そこへさらに二次元あるいは三次元的に情報が付け加えられたものと考えるといいかもしれない。その新しい次元というのが、ゲノム全体においてＤＮＡ修飾がどうなっているかであり、ヒストン修飾がどうなっているかである。ややこしい話になるので本書では触れないが、クロマチンがさらに高次な構造をとって、ゲノム上のある部位から相当に離れた部位に影響を与えることもわかっており、そういったこともエピゲノムに含まれる。

エピゲノム解析が可能になったのは、塩基配列決定技術の進歩によるところが大きい。コンピュータ産業には「集積回路上のトランジスタ数は一八カ月ごとに倍になる」というムーアの法則と呼ばれるものがある。かつては、塩基配列の決定にもこれに似たようなところがあって、

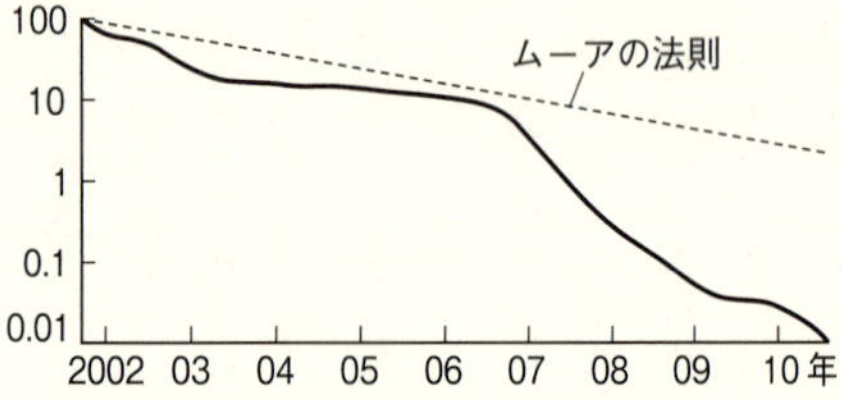

DNA シーケンシングのコスト．次世代シーケンサーによる急速なコストダウン．縦軸はヒトゲノムあたりに必要なコスト（単位：100 万ドル）

同じようなペースでコストが半分になっていくといわれていた。ところが、二〇〇七年ごろから、それをはるかに上回る速度で急激にコストダウンした。

このコストダウンをもたらしたのが、次世代シーケンサーと呼ばれる、従来のシーケンサー（塩基配列決定装置）とはちがった概念と方法で、超並列的に一気に塩基配列を読み取る機器の開発である。メーカーによってそれぞれに特色があるが、高スループット型の次世代シーケンサーなら、一日あたり数十ギガ（ギガは一〇の九乗だから、数十ギガは数百億）塩基オーダーでの読み取りが可能になっている。ヒトゲノムが六〇億塩基対であるから、その能力の高さがわかるだろう。

メチローム解析の方法論

包括的なＤＮＡメチル化解析であるメチローム解析には、いくつかの方法が用いられているが、解像度の点で最も優れているのがバイサルファイトシーケンス法である。この方法は、ま

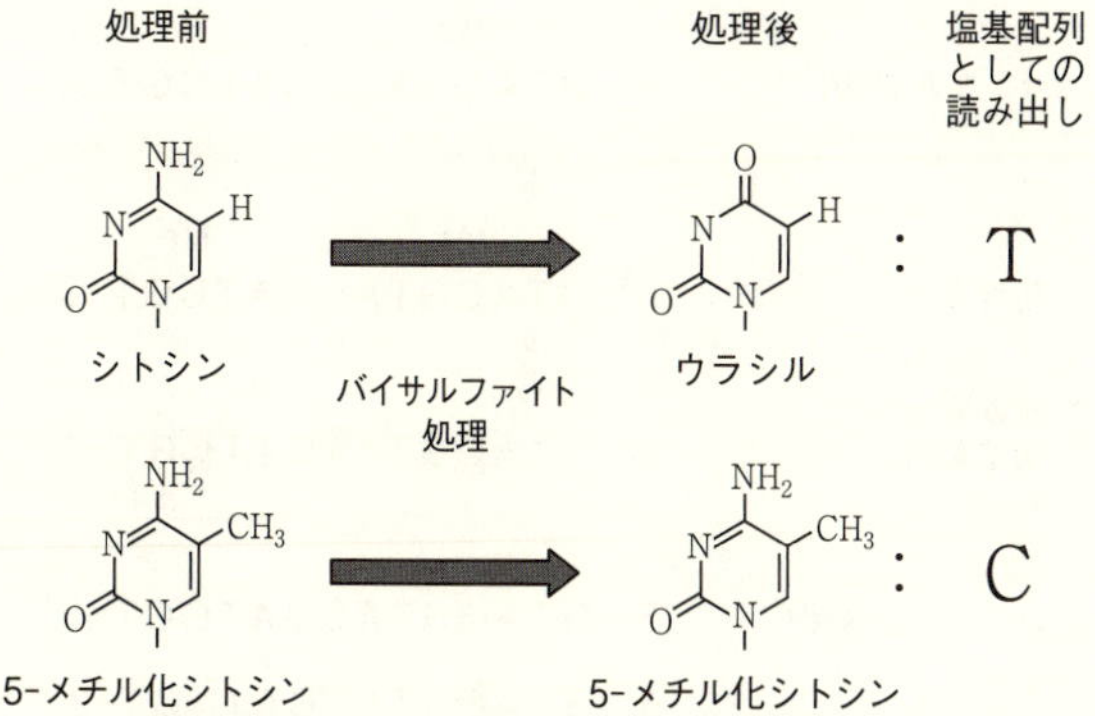

メチル化状態のDNAをバイサルファイト処理すると，シトシン(C)はウラシル(U)に変換され，メチル化シトシンはそのまま残る

ず、DNAを断片化して、その両側にアダプターと呼ばれる短い配列を付加する。そして、バイサルファイト処理という化学処理をおこなう。

この化学処理によって、シトシンはウラシルに変換されるが、メチル化シトシンはメチル化シトシンのまま残る。処理した後、アダプター配列で挟み込まれている断片を増幅して、塩基配列を次世代シーケンサーでかたっぱしから読み取る。塩基配列の決定において、ウラシルはシトシン(C)ではなくチミン(T)に相当するので、読み取った塩基配列(リード)がゲノムのどこに相当するかをコンピュータでマッチングし、レファレンス配列と照らし合わせることにより、メチル化部位を決定できる。

さて、この方法でゲノム全体のDNAメチル化

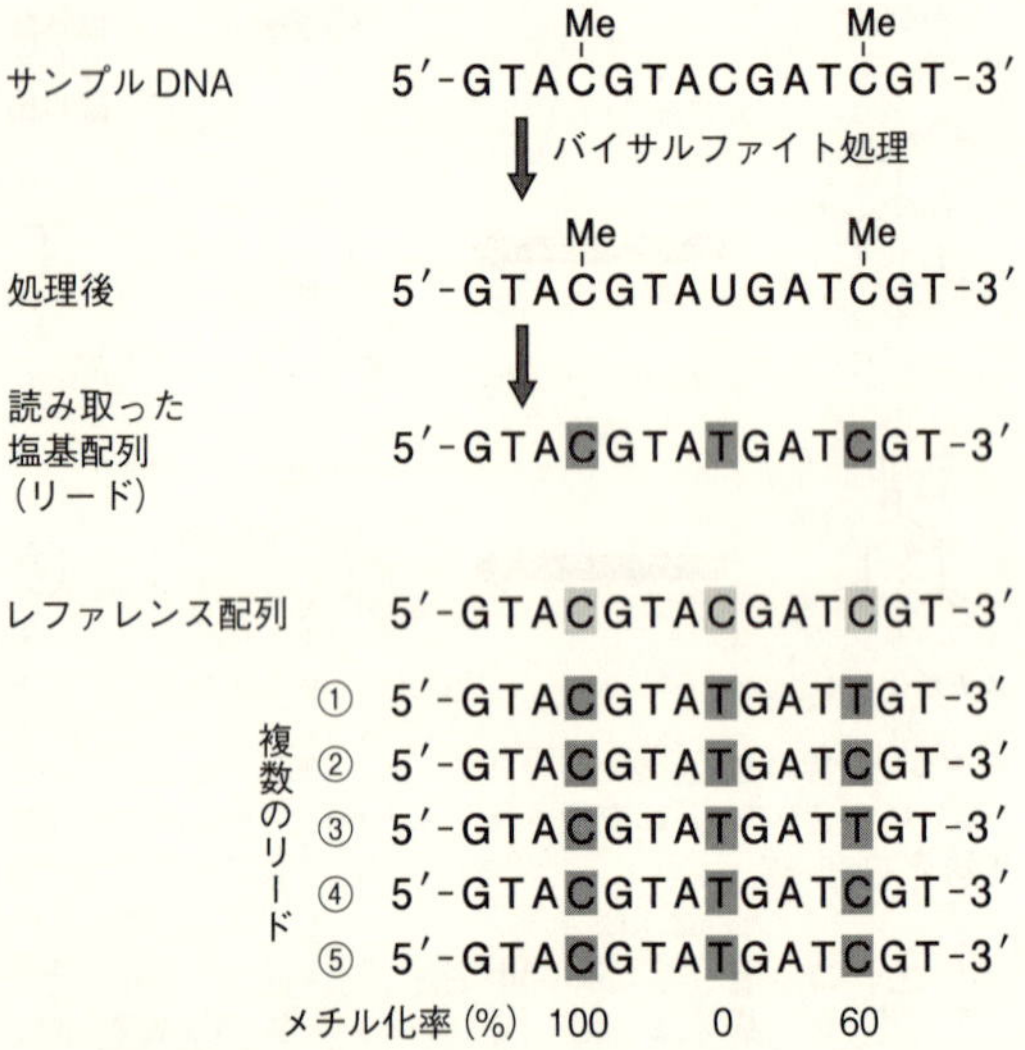

バイサルファイトシーケンシングによるDNAメチル化解析．シーケンサーで解読された塩基配列の決定（リード）とレファレンス配列とを比較対照することで，DNAメチル化率を解析できる

を調べるには、どれくらいの塩基配列を決定すればよいのだろう。ヒトゲノムはおよそ六〇億塩基対である。しかし、それを断片化してランダムに読むのだから、六〇億塩基を読んだだけでは確率的に読み落としが出てしまう。

かなり均一な細胞集団をとってきても、エピゲノム状態というのは完全に一致せず、ある程度は異なっている。だから、ある遺伝子領域についてのDNAメチル化状態を正確に知ろうとすると、複数回カバーして解析することが必要である。高精度なデータを得るには三〇回はカバーすることが望ましいとされているから、いかに膨大なデータ処理が必要になるかがわかるだろう。

実際にヒト細胞でおこなわれた研究では、九〇〇億塩基が解析された。平均すると、ＤＮＡの片側の鎖にして、おおよそ一五回が読まれていることになる。しかし、実際には、五回以上カバーされている領域は七〇％であった。

この研究により、ヒトでおよそ二八〇〇万カ所あるＣｐＧ配列のうち、体細胞では六〇～八〇％がメチル化されているなど、いろいろなことが明らかになった。また、三〇種類の体細胞を解析した結果、メチル化されたＣｐＧのうち細胞によってメチル化パターンに違いがある領域は、わずか二〇％ほどであること、そして、予想されていたとおり、遺伝子発現の制御領域に集中していることが明らかになった。

以前は、特定の遺伝子のメチル化のデータだけ、あるいはゲノム全体であっても、もっと解像度の低いデータしか得られなかった。それに比較すると、この方法論は驚異的にパワフルであり、お金と情報解析の手間がかかるとはいえ、先入観にとらわれず、圧倒的な量の、そして正確なエビデンスをもたらしてくれる。

ゲノムワイドなヒストン修飾解析

ゲノム全体のヒストン修飾も解析することが可能になっており、それにはChIP-Seq(チップシックと読む)という解析方法が用いられる。クロマチン免疫沈降法(ChIP)によって調整したDNAサンプルの塩基配列決定(sequencing)を、次世代シーケンサーによっておこなうという方法だ。この方法により、特定の修飾をうけたヒストンなど、いろいろなタンパクがゲノムのどの部位に結合しているかを、網羅的にしらべることができるようになった。

DNAにヒストンが結合しているといっても、ゆるくしか結合していないので、まずホルムアルデヒドのような化学薬品で、DNAとDNAに結合しているタンパクを架橋して、はずれないようにする。そうしておいてから、DNAを二〇〇〜八〇〇塩基対に断片化し、そのサンプル断片に対して抗体による免疫沈降をおこなう。

免疫沈降では、まず、特定のヒストン修飾などを認識する抗体と、そのサンプル断片を反応させる。抗体はあらかじめビーズに結合されているので、抗体が結合したサンプル断片を、ビーズごと遠心分離などにより採取する。こうすることによって、特定の修飾をうけたヒストンと結合していたDNA断片のみを集めることができる。そして、その塩基配列を次世代シーケンサーで決定する。

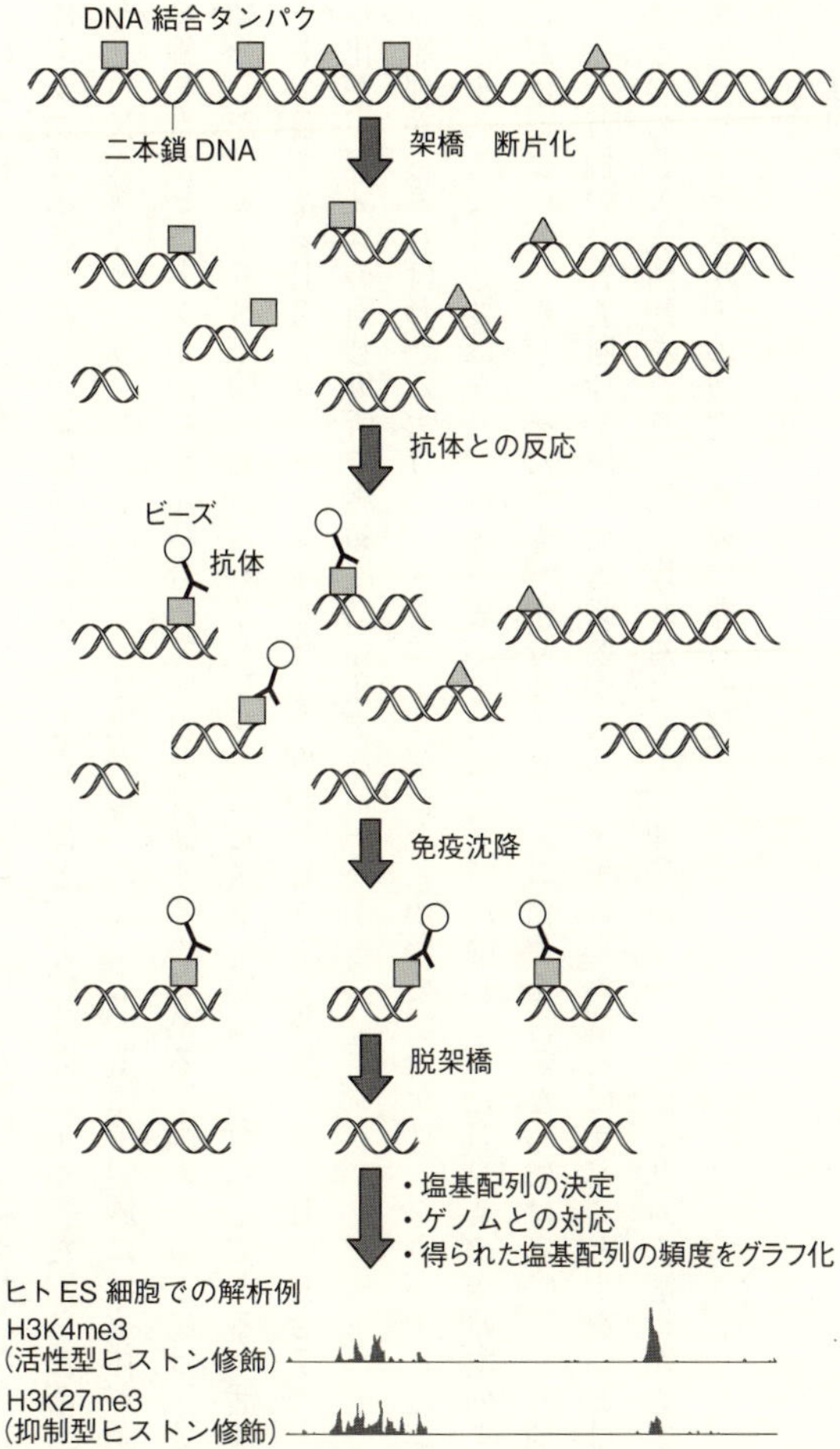

ChIP-Seq 法．ゲノム全体のヒストン修飾の解析とヒト ES 細胞におけるバイバレントなヒストン修飾の例．*Nature* **454**, 766-770 から一部転載

ＣｈＩＰ-Ｓｅｑの結果は、遺伝子のどの領域がどれくらいの頻度で読まれたかをあらわす棒グラフで示される。頻繁に読まれているところほど、免疫沈降によってたくさん落とされてきたＤＮＡ断片ということになる。その結果から、逆に、その遺伝子領域には抗体が認識する修飾をもつヒストンがたくさん結合していたと判断するのである。図の一番下には、第2章で紹介した、ヒトＥＳ細胞におけるバイバレントなヒストン修飾の例を示してある。活性型ヒストン修飾であるＨ３Ｋ４のトリメチル化と、抑制型ヒストン修飾であるＨ３Ｋ２７のトリメチル化が、ゲノムの同じ場所で高頻度に存在するのがわかる。

原理からみればわかるように、メチローム解析とちがって、全ゲノムをカバーした塩基配列決定をおこなう必要はなく、抗体をまぶしたビーズで沈降してきたＤＮＡの塩基配列を決定するだけでよい。しかし、それでも、十分なエピゲノム情報を得るためには二〇〇〇万個から八〇〇〇万個のＤＮＡ断片を解析する必要がある。メチローム解析に比べると少ないとはいえ、ひとつのＤＮＡ断片あたり二〇〇塩基対として、四〇億〜一八〇億塩基対の解析が必要であり、次世代シーケンサーの威力が必要になるのだ。

原理的な難しさ

それだけパワフルな方法論があるので、大量に解析すれば、エピゲノム情報をたくさん蓄積できる。また、ゲノムの場合の塩基配列と同じように、エピジェネティクスについてのすべての情報がわかる。原理的にはたしかにそうである。だが、現実はそれほど甘くない。

その理由として、まずエピゲノムというものの本来の性質をあげることができる。ゲノムは、どの細胞をとってきても基本的には同じである。そして、生まれてから死ぬまで変化しない。それに対して、エピゲノムは細胞の種類それぞれにおいて異なる。それでも、たかだか二〇〇種類程度だから、なんとかなるのではないかと思われるかもしれない。

しかし、そうたやすいことではない。思い出していただきたいのだが、エピゲノム状態は、引き継がれうるものではあるけれども、変化しうるものでもある。すなわち、同じ細胞であっても、そのおかれた条件、あるいは周囲からの刺激によってエピゲノムの状態は微妙に異なっており移ろっていく。

したがって、ある特定の種類の細胞におけるメチロームやヒストン修飾状態というのは類似しているが、まったく同じではない。言い換えると、ある程度のばらつきがあるということだ。だから、メチローム解析にしても、ヒストン修飾の解析にしても、何カバーも調べなければならないのである。

また、病的な状態の細胞では、正常な細胞とエピゲノム状態が異なっている。たとえば、がん細胞は、すべての細胞が同じ性質をもっているわけではなく、異なった性質の細胞の集団になっている。そして、がん細胞においてもエピゲノム状態は変化していく。このように、疾患におけるエピゲノム解析は、正常な状態以上に複雑なのである。

メチローム解析はDNAにおけるシトシンのメチル化の有無を調べるだけであるから、まだしも単純である。しかし、ヒストン修飾には、おおよそ一三〇種類もが存在すると報告されているし、一つのヒストンに複数の修飾がはいることもあるので、それらを勘案すると七〇〇種類以上の修飾状態があるとされている。

以上のように、多くの種類の細胞、それもばらつきがあって性質が変化していく細胞について、いくつもの種類のエピゲノム解析をおこなうのは、膨大な手間とコストが必要である。不可能ではないにしても、相当な困難をともなうものであることは間違いない。

技術的な難しさ

原理的な問題は、エピゲノムの性質そのものが内包する生物学的な問題である。しかし、それ以外に、エピゲノム解析には技術的な問題も残されている。たった一〇年前、次世代シーケンサーが開発される前の時代には、メチローム解析やChIP-Seqは夢の技術だった。そのことを思うと、次々と新しい方法論が構築され、より正確な解析が可能になってきている。しかし、エピゲノムという複雑で膨大なデータを相手にするには、まだ不十分なのである。

メチローム解析は、一塩基レベルでの解像度の解析が可能になっている。しかし、そのような精度で、ゲノムを何カバーもするような解析にはかなりのコストがかかる。将来的に、バイサルファイト法に代わるようなあたらしい方法が開発されれば、話が違ってくるかもしれないが、少なくとも現時点では、そのような手法は編み出されていない。

ヒストン修飾の解析には、より大きな問題が残されている。実験法にはもちろん、スタンダードなやり方があるが、研究室によって多少は異なっていて、難易度の高い実験法ほど、その流儀に違いがある。免疫沈降法は比較的難易度の高い研究法であり、研究室によって結果にばらつきが出がちな実験である。

なかでもいちばん問題になるのは、免疫沈降に用いる抗体の性質だ。用いる抗体の良し悪し（抗体の種類のちがいや保存法）によって、結果が違ってしまうことがある。また、ヒストン修飾の種類によっては、免疫沈降に適した抗体が存在しない場合すらある。

これらの問題を克服するために、国際ヒトエピゲノムコンソーシアム（IHEC）をはじめ、いくつかの組織が立ち上げられている。これらの組織では、標準的な方法やデータ解析法を推奨し、それによってはじめて可能になるデータの共有をおこなうこと、そして、データをできるだけ早く公表していくことを目的にしている。

IHECは、高解像度エピゲノムデータの作成と公開を目的に、二〇一〇年に発足した、EU諸国、米国、カナダ、オーストラリア、韓国、そして日本などが参加する組織である。ヒトの正常細胞および疾患細胞から、とりあえずは、少なくとも一〇〇〇種類のエピゲノムを解読することを目標としており、今後の展開が期待されている。

エピゲノム解析の将来

過去二〇年の間に、エピジェネティクス制御に関与する因子の解析は急速なスピードで進み、おそらく、個々の因子についての記述はほぼ終了したと考えられる。そして、この数年の間、次世代シーケンサーによる網羅的解析が相当なスピードで進んできた。では、これからどうなっていくのだろうか。

DNAメチル化とヒストン修飾のエピゲノムデータが十分に蓄積すれば、当然、エピジェネティクス制御についての理解は深まっていく。そして、その利用は生命科学の進展をもたらし、あらたな創薬にもつながっていくだろう。しかし、現時点での技術では膨大な経費が必要であることは間違いなく、欧州原子核研究機構（CERN）の大型加速器を用いた物理学研究に匹敵するビッグサイエンスになるだろうという考えもあるほどだ。

ややこしい話になるので本書では説明しないが、遺伝子の発現制御には、その遺伝子の近傍にあるコントロール領域だけではなく、何十キロ塩基も離れたところから制御するエンハンサーといったものもある。そういった部位のエピジェネティクス状態がどのように作用するのかの解析も可能になってきており、重要性を増していくにちがいない。

データが十分に得られたと仮定しても、それを総合的に解析するには、さらに膨大なデータ処理が必要になる。どの程度のデータを処理するかにもよるが、その複雑なデータを十分に理解するためには、現在のバイオインフォマティクスで用いられているコンピュテーションでは不可能ではないかとされている。

また、現在の方法では、エピゲノム状態、メチル化状態であるとか一種類のヒストン修飾の状態を十分な解像度で解析するには、かなり大量の純化した細胞が必要である。純化にはいろいろな方法があるので、決して不可能とは言わないが、発生段階の細胞など、細胞の種類によっては十分な数を集めることがきわめて困難な場合もある。

何を、どこまで、どの程度しらべるかによって、考え方は違ってくるけれども、エピゲノムを調べあげるということ自体が容易ではない。そして、データが得られたとしても、膨大なデータを統合的に解釈するのは困難に満ちたものである。そのことはわかっていただけるだろう。ゲノム解析とエピゲノム解析は、言葉上は似たように見えるが、その複雑度は次元が違うといっていいほどに隔たったものなのだ。

もちろん、だからといって解析を進める必要がないことにはならない。少しずつであってもエピゲノム解析をつづけること、いつか技術革新がおこなわれることを夢見ながら地道な努力を進めることは、生命現象の理解のため絶対に必要なことだ。

3　生命現象を支える柱

生命科学研究における思考法

生命科学研究で使われる論理は、それほど複雑なものではない。専門的な知識はもちろん必要だが、論理展開そのものは、気の利いた小学校高学年の子どもなら理解できる程度のものだ。言い方を変えると、その程度のシンプルさを逸脱して、あれやこれやと理屈をこねくり回すようでは、なかなか信じてもらえない。

そのためには、基本的なルールがある。とりわけ重要なのは、つぎの五つではないかと考えている。

①確実なデータにもとづいて考える
②単純に考える
③一つずつ考える
④できるだけ厳しく解釈する
⑤できるだけ甘く解釈する

なによりも大切なのは、①「確実なデータにもとづいて考える」である。当たり前すぎることではあるけれども、つねに正しく、しかも断定的な結果に立脚して考えなければならない。

つぎに大事なのは、②「単純に考える」ということだ。これは、一四世紀の神学者オッカムにちなんで「オッカムの剃刀」と呼ばれる教えでもある。ひと言でいうと、物事を説明するためには、できるだけ仮定を少なく、最短距離で説明すべきであるという考え方だ。単純な考えというのは、反証によって攻められにくい。こうすることによって、防御力の強い、筋道のとおった太い論理を構築できる。

②と似ているが、③「一つずつ考える」ということも重要だ。これは研究だけではなく、日常生活でも当てはまるルールかもしれない。あれやこれやの出来事を一気に考えようとすると、脳は混乱してしまう。そんなこと言われなくてもわかっていると思われるかもしれない。しかし、初心者ほど、複数のデータを一気にひとまとめに考えようとして、訳がわからなくなっていくことが多い。日々研究の指導をしていると、そういう人によく出くわす。

ここまでの三つは、基本ルールといってよい。残りの二つは、より応用的な考え方というか、展開である。それは、物事を④「できるだけ厳しく解釈する」ということと、⑤「できるだけ甘く解釈する」という、相反する思考方法を組み合わせることだ。黒澤明ではないけれど、「悪魔のように細心に、天使のように大胆に」考えてみるのである。

自分のものであれ他人のものであれ、データを厳しい目で疑ってかかることは、科学的思考の基本中の基本である。どこかに落とし穴はないか、あやしいところはないか、鵜の目鷹の目で眺める必要がある。哀しいかな、科学者というのはこういうトレーニングを日頃から積んでいるので、気をつけないと意地悪な人になりかねない。

しかし、そんなあら探しのようなことばかりしていては、本人にとっても面白くないし、精神衛生上もよろしくない。誉めて育てるではないけれど、あるデータをできるだけふくらませて、夢見て考えるということも非常に大事である。そうすることによって、思いもかけなかった展望が開けることもある。もちろん、筋道をきちんとたててふくらませないと、単なる妄想に終わってしまうので、注意が必要ではあるが。

ここからしばらくは、第１章から第４章までにわたって紹介したエピジェネティクス制御が関係することがらについて、③にのっとって一つずつ、①と②を基本にしながら、④のように厳しい目で、そして、ときには⑤のように夢をもって考えてみたい。

エピジェネティクスの物質的基盤

最近のエピジェネティクス研究の進展は、なによりもその物質的な研究成果、すなわち、分子レベルでのいろいろなメカニズム解明によるところが大きい。単にＤＮＡの足場と考えられていたヒストンに、いろいろな修飾がほどこされてコードとして働いていること、さらには、それらの書き手、消し手、読み手の機能が次々と明らかにされてきた。

物質的な側面からの研究成果は、強固なものである。どのタンパクが何に結合し、生化学的にどのような作用がなされるかということは、非常に確実なエビデンスだ。こういったデータは、基本的には物理と化学の法則にのっとったものなのであるから当然である。

ＤＮＡの能動的脱メチル化機構が大きな謎として残っていたが、第2章で述べたように、ヒドロキシメチル化シトシンが中間体として存在することが報告され、その分子機構もほぼ解明されつつある。ＤＮＡ修飾とヒストン修飾については、少なくとも、その直接的な「プレイヤー」である数多くの酵素については、おおよそ記載されつくした感がある。

ただし、それでおしまいかというと、決してそのようなことはない。たとえば、細胞が分化するにつれて、ある遺伝子では特定のＤＮＡメチル化パターンが生じ、その遺伝子が巻き付いているヒストンも特定のヒストン修飾をうけるようになる。しかし、どのようにして、部位特異的なＤＮＡメチル化やヒストン修飾のパターンが確立していくのか、そのメカニズムはほとんどわかっていない。

分化した細胞が分裂するとき、エピゲノム状態はほぼ正確に維持される。第2章で説明したように、ＤＮＡ複製において、ＤＮＡメチル化が維持される分子機構はかなりわかっている。しかし、複製時にいったん離れたヒストンが再びＤＮＡに結合するとき、ヒストン修飾がどのようにして維持されるのかは不明である。また、非コードＲＮＡの役割についてもわかっていないことが山ほどある。言ってみれば、プレイヤーがわかり、それぞれのプレイヤーが何をするかはわかってきているが、個々のプレイヤーが、ゲームならぬゲノムのどの位置で働いてくれるか、あるいはどのようにしてそこで働くか、ということはわかっていないのである。

現在の手法では、エピジェネティクス状態をしらべるには、かなり多数の細胞をサンプルとして使わなければならない。その制限があるかぎり、エピジェネティクスのダイナミズムを詳細に解析することは難しい。少数の細胞でリアルタイムにエピジェネティクス状態を解析できるような、なにか新しい斬新な手法が開発されれば別であるが、そのような方法論が原理的に開発可能かどうかすら、現時点ではわからない。

定義上は、エピゲノムというのは物質的なものである。しかし、ヒストン修飾のエピゲノムとなると、直接的に見ているのではなく、あくまでも間接的にしか調べることができない。ＣｈＩＰ-Ｓｅｑのところで説明したとおり、免疫沈降法と次世代シーケンサーで塩基配列を読んで、それをコンピュータで解析しているにすぎないのである。ＤＮＡメチル化については、バイサルファイトシーケンスなので、ヒストン修飾よりはかなり直接的であるが、これとて、細胞数が少なかったり処理方法がまずかったりすると、データが不安定になってしまう。

間接的な観察にもとづいているという問題は、エピゲノム解析を信頼度高くおこなうには、方法の標準化が必要であるということにつながっている。また、膨大なデータをどう整理するか、そして解釈するかというもう一つの問題も存在する。エピゲノム解析がすすめば、生命の理解が格段に進むことは間違いない。しかし、こういったことを厳しく考えてみると、ずいぶんと進歩してきたとはいえ、いまの方法論だけでは、それほど多くを期待するのはむずかしいかもしれない。

特殊な例にすぎないのか

エピジェネティクスの定義はかなり広汎であるから、すべての遺伝子発現制御はなんらかのかたちでエピジェネティックな制御をうけている、という解釈が可能である。物事をうんと甘く考えるという立場からその解釈をうけいれると、すべての生命現象にエピジェネティクスは関与している、という考えも誤りではない。しかし、それでは、なにも言っていないのとほとんど変わりがない。

第3章では、植物の春化から、女王バチの発生、プレーリーハタネズミの一雌一雄制、そして記憶・学習にいたるまで、多くの生命現象におけるエピジェネティクス制御の例を紹介した。では、これら以外の数多くの生命現象が、はたしてエピジェネティクスの言葉で説明できるようになるのだろうか。

本書を書くにあたって、エピジェネティクスをキーワードにいろいろと検索してみた。かなり確実なものから、ほとんど関係なさそうなものまで、いろいろな現象がひっかかってくる。意外なことに、それらの中で、確実にエピジェネティクスが関係していると証明されている生命現象は、それほど多くない。

物事をうんと厳しくとらえてみよう。第1章で述べた「巨人の肩から遠眼鏡で」でいえば、エピジェネティクスという望遠鏡で見て美しい景色は、すでにほとんどが見つけられてしまっているのではないかという疑いに満ちた考えである。ひょっとすると、生命現象とエピジェネティクスを直接結びつけることができるのは、現時点で大きくとりあげられている有名な研究ぐらいしかないのではないか、という悲観的な解釈だ。

本書で紹介してきたような、おどろくほど面白い内容を含む、きわだって有名な論文がいくつかある。その論文で解析された現象のエピジェネティクスによる説明は見事に美しい。しかし、だからといって、それらのエピソードをつなぎ合わせただけで、「エピジェネティクスって、こんなに大事なんですよ」と言ってよいのだろうか。

ここまで読んできてもらいながら、こういうことを言うのもなんだけれども、それでは少しごまかしているような気がしてしまう。この現実をどう考えればいいのだろう。これからも、いろいろな現象とエピジェネティクスの関係がどんどんわかっていくのか、それとも、際だった例はそれほど多くないのか。今後の研究の展開を見てみないとわからない、というのが正直なところだ。

生命現象を支える柱

ある事柄がわかっているといっても、そのわかり方にはいろいろなレベルがある。ここまで、ある現象に対して、エピジェネティクスが関係しているとか、エピジェネティクスは重要であるという書き方をしてきた。しかし、第1章で書いたように、それぞれの関係の度合いということを、きちんと考えておく必要がある。

本書で紹介した現象の中で、エピジェネティクス制御がもっとも詳細にわかっているのは、植物の春化現象である。動物におけるエピジェネティクス現象について書いた中で、植物の現象をくわしく取り上げたのは、そのエピジェネティクス制御がどのように生じるかが、非常によくわかっているのが春化現象だからなのである。

植物の春化現象では、非コードRNAにはじまり、ヒストン修飾がどのように進展していくかが、時系列も含めて見事に明らかにされている。これだけ美しく理解ができているのは、いろいろな変異体を用いた解析ができているからだ。ここまで見事に明らかにされていると、

「春化現象のエピジェネティクス制御機構はよくわかっている」と胸を張って言うことができる。

それにひきかえ、女王バチの発生にしても、記憶にしても、プレーリーハタネズミの一雌一雄制にしても、それぞれにDNAメチル化やヒストンのアセチル化といったエピジェネティクス制御が関係しているということまではわかっている。しかし、ヒストンのアセチル化やDNAメチル化だけで説明できる、と考えるのは行きすぎた解釈だ。

よく思い出してほしい。これらの実験結果は、ヒストンのアセチル化やDNAメチル化を薬剤などで撹乱してやると、ある現象が生じる、あるいは現象が生じなくなるというものであった。そこから、ヒストンアセチル化やDNAメチル化がこれらの現象に重要であるという結論が導き出されている。もちろん、その考察と結論は正しい。しかし、それはあくまでも、ヒストンのアセチル化やDNAのメチル化がこれらの現象にとっての必要条件の一つである、ということにすぎない。

そもそも、こうした高次の生命現象は、単一ではなく、複数の分子メカニズムによって支えられていると考えるのが妥当である。一方で、さきに述べたように、すべての生命現象に多かれ少なかれエピジェネティクスが関係しているはずだ。しかし、残念ながら、エピジェネティクスがどのように機能しているかを、春化現象ほど詳細に解明されている例は多くないというのが現実なのである。

逆に考えてみよう。では、どうして、いくつかの生命現象では、エピジェネティクスに関係する単一の酵素の阻害や遺伝子機能の破壊などで、その現象が認められなくなったり、ある現象が生じたりするのだろうか。あくまでもイメージであるけれど、生命現象というものは、たくさんの分子メカニズムの「柱」によって支えられている、というように考えてみるとわかりやすいかもしれない。

生命現象が、DNAメチル化状態であったり、それぞれのヒストン修飾であったり、シグナル伝達であったり、電気的興奮状態であったり、という柱によって支えられていると考えてみるのである。ある阻害剤を添加する、あるいは遺伝子機能を欠失させるということは、一本の柱をうんと弱くする、あるいは柱をなくしてしまう状況を作り出すことに相当する。そう考えると、柱が非常に重要な位置にあり、かつ太いような場合のみ、いわば大黒柱のような存在である場合のみ、その柱がなくなったら生命現象はくずれおちてしまうことになる。

このモデルで考えると、非常に多く、おそらくはほとんどすべての生命現象の柱として、DNAメチル化や、それぞれのヒストン修飾が存在していると考えることができる。しかし、阻

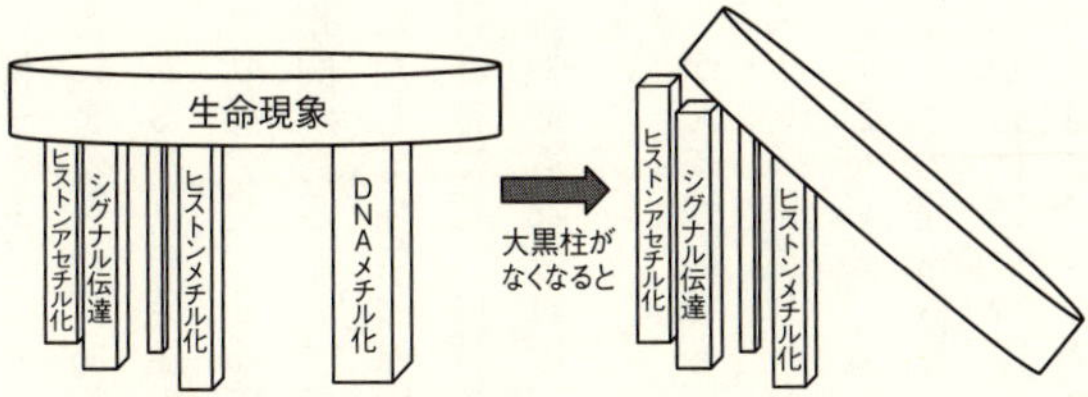

生命現象を支える柱．生命現象はいろいろな「柱」によって支えられていると考えると，エピジェネティック制御をとらえやすくなる

害剤や遺伝子ノックアウトで、エピジェネティクスに関係する一本の柱を取り除いたところで、他の柱によって十分に支えられる場合が多い。だから、そうした操作を加えても、多くの生命現象はゆるがないのではないだろうか。

エピジェネティクスとの関係が明らかな現象とは、DNAメチル化やヒストン修飾が大黒柱をなしている現象である。いまのところ、そうした例だけが「エピジェネティック的に面白い現象」として認識が可能なのだ。くり返しになるが、エピジェネティクスは、ほとんどの生命現象に関係しているに違いない。だけれども、それは、大黒柱として生命現象全体を支えているかどうかということとは別の問題である。

疾患とエピジェネティクスを考える

エピジェネティクスはほとんどの生命現象に関与している。ということは、ほとんどの疾患とエピジェネティクスとの間にも何らかの関係があることになる。しかし、そのことをもって、多くの病気がエピジェネティクスの異常によるものである、と結論づけることはできない。

ある病気の発症の原因になる細胞を調べてみると、正常な細胞とはちがうエピジェネティクス状態の見つかることが多いだろう。その意味で、病気とエピジェネティクスにはなんらかの相関があるといってよい。しかし、相関関係と因果関係とを混同してはいけない。その異常がはたして病気の原因なのか、あるいは病的状態によってもたらされた結果なのかを区別するのは非常に難しい。エピジェネティクス異常を薬物を使って正常化したら病気が治った。そんな証拠でもなければ、そのエピジェネティクス異常が病気の原因であったと結論することはできない。

がんについても、生命現象と同じように「柱」で考えてみよう。第4章で述べたように、がんという病気は、無限の細胞増殖やアポトーシスの異常といった、いくつかの異常によって支えられている。がんゲノムの解析から、いくつもの腫瘍でエピジェネティックに関係している遺伝子の異常も見つかっている。エピジェネティクスな異常が、がんという疾患においても何本かの柱になっていることは確実だ。

問題は、エピジェネティック異常が大黒柱的な位置を占めているかどうかということである。

第4章で述べたように、骨髄異形成症候群（MDS）の場合は、その作用機序は定かでないとはいえ、アザシチジンというDNAメチル化阻害剤に治療効果がある。エピジェネティクス制御はなんらかのかたちで、その病因の大黒柱的な位置を占めているのだろう。MLL白血病治療におけるBETタンパクやDOT1Lの阻害も同じような例である。

しかし、がんの発症機構を考えると、やはり重要なのは遺伝子の突然変異である。おそらく、多くの悪性腫瘍において、エピジェネティックな異常という柱は、それほど太くはなくて、重要な位置を占めていない可能性が高い。だとすると、エピジェネティックの制御による治療は、それ単独での治療ではなく、他の治療法と併用する補助的なものになることが多そうだ。実際、急性骨髄性白血病の治療において、アザシチジンが他の化学療法剤の効果を高めることなどが報告されてきている。

一方で、これとは違った難しさが存在する可能性もある。第4章で紹介したH3K27のメチル化を制御する酵素EZH2のように、一つのエピジェネティック修飾因子が、がんの発症にも抑制にも関与していそうな場合がある。がんの発症にとっては柱でもあるが、逆にゆるがすような機能ももっているのである。このような場合は、どう制御すれば治療につながりうるのかの判断が容易ではない。がんゲノムの情報などから、慎重に症例を選ばなければならないだろう。エピジェネティクス制御と疾患の関係というものは、どうにも一筋縄ではいかないもののようである。

エピジェネティクスを利用した創薬においてまず必要なことは、どの疾患において、どのエピジェネティクス状態が「大黒柱」であるかを突き詰めることにある。これには、エピゲノム解析が大きな威力を発揮するはずだ。しかし、それだけでは不十分であって、いろいろな疾患、エピゲノム状態の攪乱が功を奏しそうな疾患に対して、試行錯誤的にDNAメチル化阻害剤やヒストン修飾の阻害剤を投与し、どの疾患に有効であるかを調べるというスクリーニングが必要かもしれない。

終章　新しい生命像をえがく

エピジェネティクスによる新しい生命観？

「生命の設計図」といわれることもあるゲノム。ゲノムにおける塩基配列のちがいが、個人個人のちがいをもたらす。しかし、個々におけるゲノムの差異は非常に小さい。それどころか、ホモ・サピエンスとチンパンジーでさえ、そのちがいは二％以下でしかない。このような事実の解明から、ヒトゲノムの解読はわれわれの生命観におおきな影響をもたらした。

受精では、父親と母親から半数体のゲノムを受け継ぎ、新たな生命が誕生する。ゲノムは個人の中では基本的に同一であるし、それは生まれてからずっと変わらない。そして、人為的に変えることはできない。こうしたことから、ゲノムは決定論的な生命観をもたらすということができる。

それに対して、何度も書いてきたように、個々の遺伝子のエピジェネティックな状態や全体としてのエピゲノムは安定したものではあるが、時に変わっていく、あるいは変わるべきものであり、そして変えうるものだ。したがって、ゲノムが決定論的であるのに対して、エピジェネティクスは可変である。そこが大きなちがいなのである。

では、はたしてエピジェネティクス研究は、ゲノム解析と同じように、生命観に影響を与えるような大きなインパクトをもつのであろうか。これに答えることは容易ではないが、二つの極端な考え方から検討してみたい。

まずは、エピジェネティクスによって生命観が大きく変わる、という考え方である。ゲノムという普遍的なものによって生命は作られ、成り立っている。そういう決定論的な生命観には、なんとなく窮屈さがある。しかし、エピジェネティクスの概念によって、遺伝情報は変わりうるものであることがわかってきた。そうして、どんどん期待はふくらんでいく。

病気の原因についても、今はわかっていないけれど、エピジェネティクスの関与するメカニズムが解明され、診断にも応用されていくだろう。また、エピジェネティクス制御を利用した治療法なども次々と開発されていくはずだ。記憶や情報といった高次生命現象に関係するだけでなく、次世代へと遺伝する可能性まである。これからもいろいろな現象がエピジェネティクスで説明されていくに違いない。ゲノム決定論的な生命観は過去のものになった。

いささか極端ではあるが、こうしたエピジェネティクス万歳的な視点が、エピジェネティクスは従来の生命観を変えるほど重要なものである、という考え方につながるだろう。

ゲノムあってのエピゲノム?

もうひとつは、エピジェネティクスは生命科学の一分野にすぎず、生命観におおきな変革をもたらすようなものではない、という考え方である。所詮、すべての情報はゲノムに内包されている。当然、エピジェネティクスに関与する制御因子も例外ではなく、ゲノムにコードされているものである。エピジェネティクスは、ゲノム情報の読み出しメカニズムの一つにすぎないではないかという見方である。

しかし、ゲノム情報だけで生命現象を語ることはできないことは事実だ。それは、ゲノム情報だけから生命を創り出せないことから明らかだ。エピジェネティック修飾を受けたクロマチンが一式そろえば人工生命を創れるかといえば、それも不可能だ。遺伝子発現調節だけをとったとしても、初期条件として、転写因子の存在が必須である。さらに、細胞まで視野を広げると、膜や細胞内小器官などいろいろなものが必要である。

こうしてみると、ほんの十数年前まで、ゲノムがわかればすべてわかると喧伝されていたこと自体が、いささか浅はかではなかったかと思えてくる。ただし、ゲノムは、すべてを規定するというその本質的な性質から、他のものとは別格と位置づけられることは間違いない。そのゲノムを修飾することで影響力を発揮するという意味で、エピジェネティクスは準別格の地位にあるのかもしれない。しかし、ゲノム情報を読み出すには、エピジェネティックな修飾だけでなく、転写調節も同じように重要である。とはいえ、転写のメカニズムが明らかになったことで、生命観が変わったというような話は聞いたことがない。

歴史的な経緯も影響しているだろう。転写の調節因子は、フランソワ・ジャコブとジャック・モノーによって、一九六〇年代に想定され、以後、着実に研究が進められてきた。それに対して、エピジェネティクスの概念はそれより古いが、現代的な意味での研究が爆発的に進んだのは一九九〇年代以降である。

実体が明らかでなかったエピジェネティクスであったが、ちょうどヒトゲノムの解読がおこなわれている頃、ゲノムを解釈するにはエピジェネティクスの概念が必須であることが、あらためてわかってきたのだ。そのようなタイミングであったために、そしてジェネティクスとエピジェネティクス、ゲノムとエピゲノムという名前の類似もあるために、ゲノム至上主義的な考えに対して、エピジェネティクスを新しい生命観と結びつけてイメージする人もいるのだろうと推察している。

ラマルク説の再来?

エピジェネティクスが生命観に影響を与えるとすれば、その理由として最大のものは、エピジェネティックな状態の世代を超えた遺伝だろう。いくつか紹介したが、エピジェネティックな状態が遺伝することを確実に示す例は多くない。

アグーチマウスの例は、その数少ないうちの一つである。しかし、バイアブルイエローは、制御領域にレトロトランスポゾンが挿入されて遺伝子発現に影響を与える特殊な遺伝子であり、この現象が他の一般的な遺伝子にも当てはまるかどうかはわからない。また、あくまでも毛の色といった表現型が遺伝する傾向があるということであって、エピジェネティックな状態がメンデルの法則のように確実に遺伝していくわけではない。尻尾が曲がる遺伝子も同じことである。また、これらは親のエピジェネティックな状態、もともとあった状態が子どもにある程度受け継がれるのであって、あらたに獲得された形質の遺伝ではない。

生殖細胞の分化過程から考えると、動物では用不用的な獲得形質が遺伝することはありえない。しかし、食餌をふくめた環境要因による獲得形質が遺伝することはありうる。高脂肪食や低タンパク食の親からの遺伝は第4章で紹介したし、他にも、マウスでは男性ホルモンを阻害する薬剤による精子の減少や嗅覚刺激による経験などが、ショウジョウバエでは高温などのストレスによる影響などが、世代を超えて遺伝することが報告されている。

多くの場合、その遺伝は完全なものでなく、傾向があるという程度であり、世代を経るにつれて、その影響は弱くなっていく。また、どのようにして遺伝するかについては、そのメカニズムを示唆するというレベルにとどまっており、決定的なことはわかっていない。それに、これまでにわかっている例は多くないし、特殊な現象にとどまるだけかもしれない。

確かにおもしろい現象ではある。しかし、どうだろうか。獲得形質の遺伝といっても、用不用説を支持するようなものではなく、環境要因によって生じた生殖細胞のエピジェネティックな変化が、特定の場合に弱く遺伝しうるといったところではないか。これくらいで、生命観が大きく変わるだろうか。その判断はそれぞれの主観にゆだねるしかないが、今の段階では、旧来の「ゲノムDNAによる遺伝」がすこし修正された、という程度にとらえるのが正しいのではないかと考えている。

贔屓にしたい気持ちはあるが、現状では、生命観を変えるとまで言うのはすこし大げさな気がしている。エピジェネティクスによってあらたな生命像がえがかれたというのが妥当なところではないか、というのが私の率直な意見である。将来的に、エピゲノム解析が詳細におこなわれるようになり、なにか根本的な原理が発見されたとき、エピジェネティクスが生命観に決定的な影響を与えるようになることがあるかもしれない。もちろん、そうなれば、この意見を変えるのにやぶさかではない。

エピジェネティクスを制御する？

ゲノムは不変であるが、エピゲノムは可変である。事実であるし、本書でもそういう書き方をしてきた。しかし、ことばだけを取り出すのは、すこしミスリーディングかもしれない。さきに述べたように、ゲノムとエピゲノムは対等なものではなく、ゲノムあってのエピゲノムというように非対称なものなのであるから。

ゲノムを膨大なテキストからなる書物とすると、エピゲノムはその書物について「ここを読みなさい」「ここを読んではいけません」と示す指示である。第2章でもすこし触れたが、ヒストン修飾による付箋、およびＤＮＡメチル化による伏せ字という喩えで再度考えてみよう。

書物にはいろいろな文章が書いてある。そこに、「ここを読みなさい」という活性型の付箋や、「ここを読んではいけません」という抑制型の付箋がつけられている。さらに、伏せ字になっているところがあって、これは抑制型の付箋以上に強固で、物理的に読めなくなっている。しかし、エピジェネティクス状態が変わったとしても、言い換えれば、付箋の付き方や伏せ字

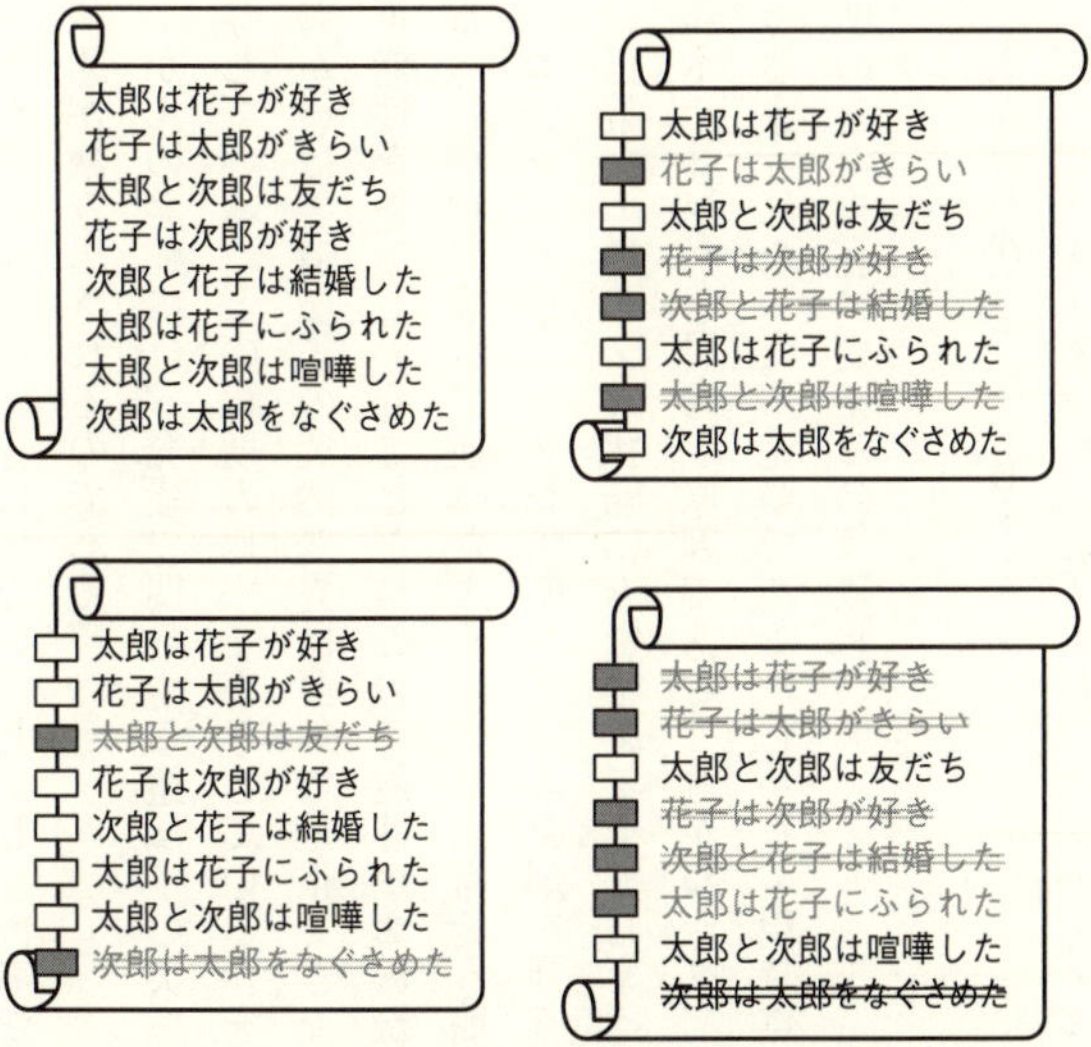

エピジェネティクス制御の喩え．遺伝情報は書物に書かれているテキストである．ヒストン修飾は付箋(□が活性型，■が抑制型)，DNA メチル化は伏せ字(══線)に相当する

の場所が変わったとしても、当然のことながら、テキストそのものが変わるわけではない。

ゲノムは不変だが、エピゲノムあるいはエピジェネティックな状態は可変である。そのことは、この喩えでいえば、文章は変わらないけれども、付箋の付け方や伏せ字の場所は変えることができる、ということを意味する。書かれているテキストの内容は変わらないが、付箋と伏せ字による指示に従って読むことにより、読み取られる情報が変わるということなのだ。

このように、ゲノムとエピジェネ

ティクスは対等な関係にはない。しかし、両者があって初めて、文章の意味、すなわち細胞の状態が読み出されるのである。

がんの発症には、発症に関与する遺伝子の突然変異とエピジェネティックな異常の両方が寄与している。どの程度の比率で寄与しているかを確定するのは難しいが、この二つの決定的なちがいは、遺伝子の突然変異は薬剤で是正できないが、エピジェネティック変異は是正できる可能性があるということだ。この可能性があるからこそ、エピゲノム創薬に期待がもたれている。しかし、前章で述べたように、これもそう簡単なことではないかもしれない。

エピジェネティックな状態を変える薬剤を使うときに問題となるのは、疾患に関与していない正常なエピゲノム状態にも影響を与えてしまう点である。ある遺伝子における特定のエピジェネティックな異常が原因であることがわかり、そこをピンポイントで正常化させることができるようになったら完璧である。しかし、現時点では、特定の部位のエピジェネティックな状態のみを自在に変えるのは難しい。

氏か育ちか、それとも……？

かつてフランスの美食家ブリアア・サヴァランは「どんなものを食べているか言ってみたまえ。

君がどんな人間であるかを言いあててみせよう」と語ったという。しかし、それは原理的に不可能だ。なぜなら、すべからくわれわれは、食事などを含む環境要因だけではなく、遺伝的要因と組み合わされることによって作り上げられているのであるから。

氏か育ちかという言い方がされる（英語ではNature or Nurtureと韻をふんだ言い方になっている）。人間でそれを調べるには、一卵性双生児の研究が非常に有用である。たとえ一卵性双生児であっても、二人の個人はまったく同じではない。一卵性双生児は、ゲノムが同一なので、二人のちがいは、育ち、すなわち環境要因によって影響をうけた結果である。しかし、その影響をエピジェネティクスで説明するのは、たやすいことではない。

一卵性双生児において、ヒストン修飾やDNAメチル化パターンといったエピジェネティクス修飾の違いを解析した研究がある。そこでは、子どものころには違いがあまりないけれども、加齢とともに違いが生じてくることが報告されている。さもありなん、というところだ。ただ、この研究では統計的な違いが示されているだけであって、その違いが、二人にどのような影響をもたらすのか、あるいはもたらさないのかはわかっていない。

いろいろな疾患についての双生児研究もおこなわれている。自閉症についての研究で、一卵性双生児で九六％、二卵性双生児で二四％が二人とも発症するという報告がある。このことから、自閉症には遺伝素因が強い、しかし、それだけでは説明できない、という二つのことを読み取れる。

メンデルの法則に従って、一卵性双生児では一〇〇%、二卵性双生児では五〇%のゲノムが同一である。しかし、一卵性双生児であっても、双方が発症する場合が一〇〇%ではない。これは、自閉症の発症要因は遺伝要因だけでは説明しきれないことを示している。さらに、父親の年齢が高いほど子どもが自閉症になる率が高い、ということなども知られている。

これらのことから、自閉症の発症にエピジェネティクスが関係しているのではないかと考えられている。とはいえ、現状では、あくまでも仮説の域を出ない。エピジェネティクス異常は、双極性障害や統合失調症の発症にも関与しているという説もある。実際、それらの疾患でエピジェネティックな状態にちがいが認められる遺伝子が存在することも知られている。しかし、それらが発症に直接関与しているかどうかは明らかになっていない。

一方で、エピジェネティクスは、ほとんどすべての生命現象に関与していると言ってもよいほど守備範囲の広い分野である。エピジェネティクスが発症に関与している疾患は相当数あるはずだ。だから、ある病気がエピジェネティクスに関係していないことを示すのは、関係する可能性がある、ということを示す以上に難しいに違いない。

エピジェネティクスと疾患との関わりは、これからどの程度明らかになっていくのだろうか。関係していそうだ、関係しているかもしれない、という域にとどまるのだろうか。あるいは、いつの日か、あたらしい方法論が開発されて、多くの疾患の原因であると断定できるようになり、治療法の開発などに結びついていくのだろうか。これも、現状では判断することが難しい。

厳密な証明？

バーカー仮説をはじめ、胎児期における環境因子が成人後の疾患発症と関係するという報告は数多くなされており、事実としては確実である。長い年月にわたり、なんらかの形で、体の中のどこかの細胞に記憶が残っているはずであるから、そのような現象にエピジェネティクスが関係している可能性はきわめて高い。

しかし、絶対的な証拠があるかというと、残念ながら、今のところわかっていない。ただ、少なくとも現時点で知られている生物学的なメカニズムから考えると、エピジェネティクス以外で説明することは、エピジェネティクスで説明するよりもはるかに困難、あるいは不可能である。オッカムの剃刀的な考え方でいくと、エピジェネティクス説を支持すべきという状況にある。

では、エピジェネティクスが関係していると仮定して、はたして、どの細胞のエピジェネティクス異常が原因なのだろう。摂食やエネルギー代謝には、視床下部―下垂体―副腎系という、神経内分泌軸が非常に重要である。このいずれかに原因があるのかもしれない。しかし、第3章で紹介した、コルチゾールによる糖質コルチコイド受容体（GR）を介した負のフィードバックというような、環境要因によるエピジェネティックな影響がきちんと分子レベルで証明されている現象は例外的だ。

糖質コルチコイド受容体の例のように、エピジェネティクス状態の変化が、単一あるいは少数の遺伝子においてのみ認められるようならば、しらみつぶしにしらべれば、なんとかなるかもしれない。しかし、女王バチと働きバチの脳におけるメチロームの違いがそうであったように、非常に多数の遺伝子のエピジェネティクス状態に違いがあれば、どれが原因であるかを同定するのは容易ではない。

ヒトに関して、これらの解析を十分におこないうるほどのサンプルを集めるのは不可能に近い。だから、動物実験がおこなわれている。解析には相当な数の実験動物が必要になるけれども、研究としてはさして難しいことはなさそうだ。にもかかわらず、不思議なことに、あまり多くの論文が見当たらない。ネガティブな結果は論文として報告されないのが常であるから、どれだけの研究がおこなわれたかはわからない。しかし、これまでの論文発表を見るかぎり、なんとなくエピジェネティクスだろうと思われる現象であっても、誰もが納得できるレベルできちんと証明するのはそう簡単ではないようである。

それってほんとにエピジェネティクス?

もうひとつの例として、心的外傷後ストレス障害(PTSD)を考えてみたい。ご存じのように、PTSDとは、災害や事故といった急性の心的外傷、あるいは小児虐待といった慢性の心的外傷により、不安やフラッシュバック現象などの症状が持続するような障害をいう。このPTSDにエピジェネティクスが関与しているという考えがある。

エピジェネティクスの守備範囲の広さからいくと、この考えを否定するのは難しい。というよりも不可能である。それだけでなく、いくつかの研究成果は、PTSDの発症にエピジェネティクスが重要であるという説を支持するように見える。

第3章で紹介したように、それだけで説明できるわけではないものの、記憶や学習にはヒストン修飾やDNAメチル化が関与している。もう一つ、生後すぐに邪険にあつかわれたラットは、いつまでもストレス耐性が弱く、このことは糖質コルチコイド受容体遺伝子のエピジェネティクス制御によることが示されている。

これら二つのことをあわせ、ＰＴＳＤにはエピジェネティックな要因が強く関与していると推論するのは、十分に妥当なことだ。しかし、ほんとうにそうだろうか？　この仮説を否定することはできないけれど、もう少し疑い深く考えてみよう。

ラットの実験は、生後すぐの新生仔の育成についての研究である。エピジェネティック情報の刷り込みには、特定のタイミングが必要であるという可能性がある。バーカー仮説も胎児期というタイミングにおける環境が影響する現象である。はたして、そういったことが成人になってからもおこりうるのだろうか。また、ごく短期間の心的外傷が、エピジェネティクス状態に影響を与えうるのかという点にも議論の余地があるだろう。

一方で、記憶や学習にエピジェネティクス制御が関係していることは間違いなさそうなので、まったく関係ないということも難しい。ただ、ここでも、たとえＰＴＳＤにエピジェネティクスが重要な役割を有しているとしても、ヒトにおいてどの細胞にどのような変化が生じているためにＰＴＳＤが発症するのかを調べるのは、容易ではない。

ＰＴＳＤの動物モデルもあるので、研究が進んでエピジェネティクスの関与が証明される日がくるかもしれない。想像をたくましくすると、そうした研究から、エピジェネティックな状態を制御する薬剤でPTSDを治療できるようにならないとも限らない。現状では夢物語といったところではあるのだが。

生命科学の宿命?

すこしナイーブすぎるかもしれないが、物理学であろうが化学であろうが生物学であろうが、原理的なことを見つけ出すことが自然科学における大きな目的だ。生命科学でも、ある現象から、原理的な共通原則とでも呼ぶべきものが導かれる。

しかし、今度は、それを元にしていろいろな研究が進むと、次々と新しいメカニズムがわかってきて、次第に複雑化してしまうことが多い。難儀なことであるが、考えてみれば生物とは進化の賜、ランダムな出来事が選択され蓄積された結果なのであるから、そうなっているのは当然のことなのかもしれない。

いってみると、生命科学では研究が進めば進むほど、各論的な知識が蓄積していく傾向が強いのである。もちろん、生命科学にも原理的なことや総論的なことはある。エピジェネティクスでいえば、インプリンティングのように確実に証明された現象、あるいはヒストン修飾やDNAの修飾といった物質的側面、分子メカニズムといったものがそれにあたるだろうか。

こうした分子メカニズムの解析は、過去二〇年ほどの間に爆発的に進んだ。本書で紹介してきたように、多くの生命現象も、分子メカニズムという道具を使って解析が進んできた。エピジェネティクスが関係していることが明らかにされた現象は実に多彩である。今後、データが十分に集積し、エピジェネティクスの全貌がいずれ明らかになるのかもしれない。しかし、それは膨大な各論的データの集積としてであって、統一した原理が導かれるという意味においてではないだろう。

これはなにもエピジェネティクスに限ったことではない。がんの研究であっても、シグナル伝達の研究であっても、ゲノムと疾患の関係についての研究であっても同様である。生命科学とはすべからく、各論の蒐集にならざるをえない宿命を背負っているかに見える。ここ半世紀ほどの生命科学の爆発的な進展の成果をながめるかぎり、そう考えざるをえない。エピジェネティクスもふくめて、生命科学は進歩すれば進歩するほど複雑化して、専門外の人にはわかりにくくなっていく。そういう業を内包する学問分野なのである。それだけに、一つひとつの各論にとらわれすぎることなく、原理をしっかり理解し、それをもとに各論を理解していくという姿勢が求められる。そうでなくては、いくら学んでもきりがない。

エピジェネティクス研究の将来は？

フランスのノーベル賞学者、分子生物学の泰斗であるフランソワ・ジャコブはその著書『ハエ、マウス、ヒト』（みすず書房）で、「予測不可能性は科学の性質に含まれている」と述べている。現時点においてできると予測されていることがいつまでたってもできないかもしれないし、逆に、まったく予想もしていなかったことがいずれ可能になるかもしれないということだ。

一九六〇年に科学技術庁が出版した『21世紀への階段』（弘文堂）という本がある。当時の識者に依頼して、四〇年後、二一世紀の世界を予想した本である。いくつもの分野が論じられているけれど、全体を俯瞰すると二つのことがわかる。ひとつは、インターネットの発明など、とてつもないインパクトのある大きなイノベーションは、まったく予想すらされていなかったことである。もうひとつは、その時点で大きく進展しつつある分野、当時でいうと原子力の利用や宇宙開発の未来が過大に予測されていたことである。

エピジェネティクスやエピゲノムに関係する論文の経年変化を見てみると、近年、いかに急速に増加しているかがわかる。その爆発的な進展に気をとられすぎると、エピジェネティクス研究の将来を過大に予測してしまうかもしれない。予想以上の進展があって、ゲノム、エピジェネティクス、転写といった、遺伝子発現制御に関係する分野が統合されて「メタジェネティ

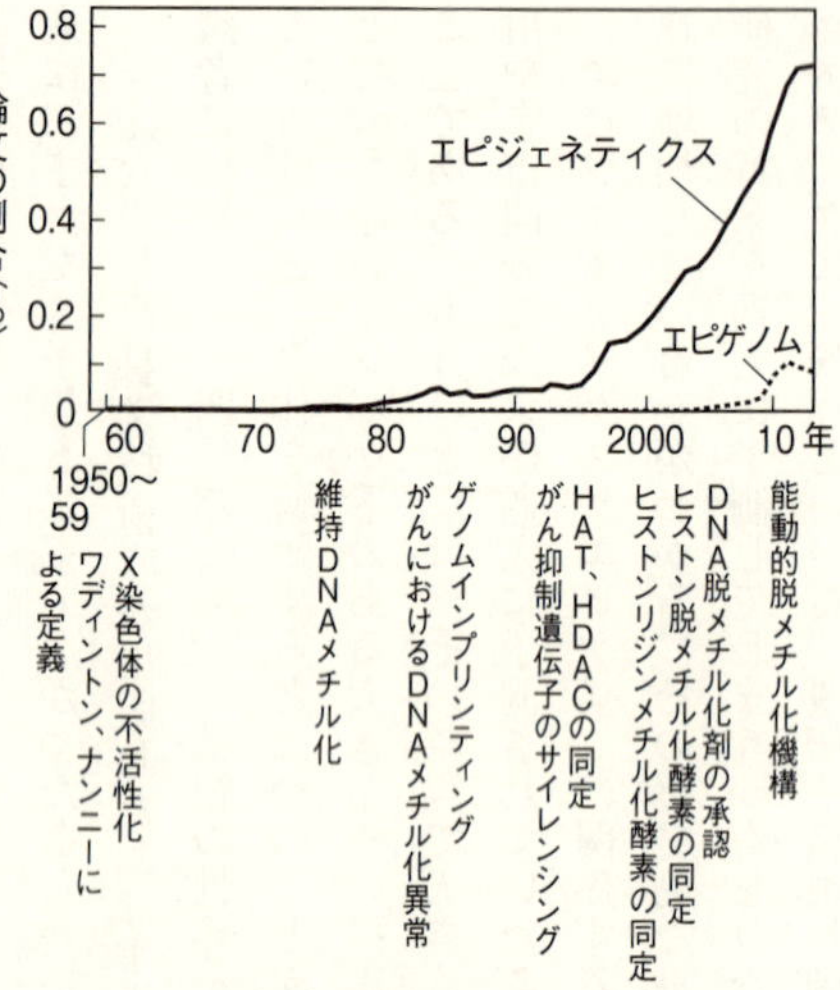

エピジェネティクス関係論文数の年次推移．過去10年間で劇的に増加している．出典：牛島俊和，眞貝洋一編『エピジェネティクス キーワード事典』羊土社

クス」のような統一理論ができて、多くの生命現象を一義的に理解できるようになっている、という可能性も否定はできない。逆に、ミニマムな予測として、研究はどんどん進むけれども、各論的に膨大なデータが蓄積されていくにとどまることも考えられる。薬剤による制御も、ごく一部の限られた疾患にしかおよばない。そういう未来もありえないわけではない。

実際はおそらく両者の中間に落ち着くのであろう。けれど、エピジェネティクス研究が将来どうなるかを予測するのはむずかしい。ほとんどの生命現象に関与する重要な研究分野であるから、これからも進展していくことは間違いない。しかし、どこまで明らかにできるのか、その成果をどれだけ応用できるようになるのかは、心静かに見守っていくしかない。

それでもエピジェネティクスはおもしろい！

せっかくここまで読んでやったのに、そんな結論？　この人、エピジェネティクスが好きで研究しているのとちがうの？　こんなに夢のない科学者っているの？　などという疑問を抱かれた人もおられるかもしれない。しかし、すこし待っていただきたい。

科学者とは、すくなくとも、その専門とする分野については健全な好奇心をもつと同時に、適正な懐疑心をもって冷静な判断をすることが必要である。そして、われわれのように、税金を使って研究している者にとっては、その内容を正しく一般の人に広く伝えることも責務のひとつである。

すこし理解するのが難しいエピジェネティクスという分野がどういうものであるか、いかに重要なのか、どういうメカニズムなのか、どういう現象に機能しているのか、どのような病気と関係しているのか。これまでにわかっていることだけで十分に面白いし、そう感じるからこそ、エピジェネティクスについての研究をおこなっている。

科学的な成果が新聞などで紹介されるとき、これでバラ色の将来が描けるといったコメントがよく書かれている。もちろん正しいときもあるが、楽観的にすぎるのではないかと思うこともしばしばだ。また、売らんがためか、誇張気味に煽るかのような内容をもった啓蒙書を見受けることも少なからずある。

ものごとには、すべからく表と裏がある。ポジティブな面とネガティブな面を公平に紹介することが、科学者のとるべき姿勢であるはずだ。その考えにもとづいて、面白さと重要さを紹介するだけでなく、あいまいなところや、これからの研究の難しさも含めて、エピジェネティクス研究の現状を書いたつもりである。

ここまで読んでみたけれど、面白いというには複雑すぎる、中味がややこしい、わかっていないことが多すぎる、と感じられた人もおられるかもしれない。複雑すぎるというのは、私も同意する。それは現代の生命科学の宿命であって、進歩と同義語に近いくらいに、いたしかたないことなのである。しかし、すべてのことを覚えようとする必要はない。そうしようとするからややこしいのである。基本だけをきちんと学んで、あとは「あぁ。おもしろいけど、複雑だなぁ」くらいにうっちゃっておいてもらったら十分だ。

わかっていないことが多すぎるということには、量的と質的、二つの意味がある。そして、エピジェネティクス研究については、そのいずれもが事実だろう。どの時点ですべてがわかったことになるかがわからないので難しいところではあるが、量的な面でいうと、すくなくとも、現状でほとんどがわかってしまっているわけでは絶対にない。

どんどんわかっていっても複雑になるだけで、よけいにわかりにくくなっていくかもしれない、という心配もなくはない。しかし、本書で紹介した原理さえおさえておけば、これからエピジェネティクスについて見聞きするたびに、「これはたぶん、こういうことを言っているんだろうな」と当たりをつけて、楽しんでもらえるはずだ。

質的な面についてはどうだろう。わかりすぎるほど細かにわかっていることもあるけれど、ぼんやりとしかわかっていないこともたくさんある。そういう印象だ。ものごとがわかるというのは階層的なことであるから、なにをもってしっかりわかっていると言うかは難しい。けれども、エピジェネティクスについては、確実に明らかになっていることはそれほど多くない。

エピジェネティクスは、基本的なことはわかっているが、わからないことが数多く残されている。だからこそ面白いのである。なにもかもわかってしまった研究分野、おおよそのことがわかってしまった研究分野など、面白くもなんともない。伸びしろのある状態こそが科学の醍醐味なのだ。そのうえ、まちがいなく生命にとってきわめて重要かつ広汎な現象である。そのうえ、創薬を含めて、これから大発展する可能性を十分に秘めている。

エピジェネティクスは、これから何年もの間、見守っていくのにいちばん楽しめる生命科学の先端分野である。本書で理解してもらった知識を手がかりに、これからの研究の展開に、いっしょにわくわくしてもらえたら望外の喜びである。

おわりに

ここまで読んでいただいて、ありがとうございました。エピジェネティクスという新しい研究分野が面白くて将来性あふれるということをおわかりいただけましたでしょうか。

エピジェネティクス研究の内容は多岐にわたり、情報量も膨大で、次々と新しい報告がされていきますから、すべてを頭にいれようとするのは不可能です。そうではなく、エピジェネティクスの基礎を学んでもらい、いろいろなことを理解できるようになってもらおう。いわば、エピジェネティクスのリテラシーを身につけてもらおう、という気持ちで書きました。

分子生物学の創成者のひとりであるマックス・デルブリュックによると、セミナーの極意は、その分野のことを何も知らない人にも、その分野のことを知りつくしている人にも有益であることだそうです。なかなか難しいことですが、常にそれを意識したつもりです。

これまでに何冊の岩波新書を読んできたかわかりません。なかでも強く印象に残っているのは、宮地伝三郎の『サルの話』や、梅棹忠夫の『知的生産の技術』、吉田洋一の『零の発見』

おわりに

など、高校時代に読んだものです。とてもそのような名著にはおよびませんが、高校生でも背伸びしたら読めるような解説、生命科学になじみのない人にもわかってもらえるような説明をこころがけたつもりです。ときには脇道にそれながら、できるだけいろいろなエピソードをいれましたので、物語のように読んでもらえていたらうれしいところです。

原稿を仕上げている最中に、ＳＴＡＰ細胞をめぐっての混乱がありました。科学という、性善説を前提に真実を追究する営みの中で、あってはならないことがおきてしまったことがとても残念です。リプログラミングというのはエピジェネティクスと深い関係にありますから、わたしにとってはなおさらのことです。ほとんど、いや、ほぼすべての科学者は、日夜、真実を求めて真摯に努力しています。わたしなどが言うべきことではないかもしれませんが、そのことはよく理解していただきたいと考えています。

この本を書いていて、あらためて、研究というのは、じつにたくさんの研究者の地道な努力によって成り立っているのだということがよくわかりました。もちろん、優れた研究者がその分野を一気に盛り上げることもあります。執筆中に、ヒストンコードのデビッド・アリス博士が日本国際賞を受賞されるというニュースがありました。こういったことを契機に、より多くの人がエピジェネティクスに興味をもってもらえるようになったら、とてもうれしいことです。

エピジェネティクス研究を専門にしているとはいうものの、専門化の進んだ現代、よく知っている範囲というのは決して広くありません。わかっていることは調べたらすむことですから、できるだけ原著論文にあたりました。自慢になるようなことではありませんが、この本の執筆のために、ここ数年でいちばんたくさん論文を読んだような気がしています。

それよりも困ったのは、何がわかっていないかがわからない、ということでした。そういうことについては、小川佳宏先生、近藤豊先生、佐渡敬先生、星野敦先生、八木田和弘先生ら、専門の先生方に直接ご教示いただきました。ここに感謝の意を表したく存じます。

この本を書くことを薦めていただいた、わたしも一員であるノンフィクションをレビューするのを何よりも楽しみにしているグループＨＯＮＺの成毛眞代表、そして、叱咤激励しながらたくさんの有益なご指導をいただいた岩波書店の永沼浩一さんに深謝しつつ、稿を閉じたいと思います。みなさま、ほんとうにありがとうございました。

二〇一四年五月

仲野　徹

仲野　徹

1957年大阪生まれ
1981年大阪大学医学部卒業，内科医としての勤務，大阪大学医学部助手，ヨーロッパ分子生物学研究所研究員，京都大学医学部講師，大阪大学大学院医学系研究科・生命機能研究科教授を経て，大阪大学名誉教授．
専攻－エピジェネティクス，幹細胞学
著書－『こわいもの知らずの病理学講義』(晶文社，2017)，『生命科学者たちのむこうみずな日常と華麗なる研究』(河出文庫，2019)，『からだと病気のしくみ講義』(NHK出版，2019)，『仲野教授の笑う門には病なし！』(ミシマ社，2021)ほか．

エピジェネティクス
──新しい生命像をえがく　　岩波新書(新赤版)1484

2014年5月20日　第1刷発行
2025年1月15日　第12刷発行

著　者　仲野《なかの》　徹《とおる》

発行者　坂本政謙

発行所　株式会社 岩波書店
〒101-8002 東京都千代田区一ツ橋2-5-5
案内 03-5210-4000　営業部 03-5210-4111
https://www.iwanami.co.jp/

新書編集部 03-5210-4054
https://www.iwanami.co.jp/sin/

印刷製本・法令印刷　カバー・半七印刷

© Toru Nakano 2014
ISBN 978-4-00-431484-4　　Printed in Japan

岩波新書新赤版一〇〇〇点に際して

ひとつの時代が終わったと言われて久しい。だが、その先にいかなる時代を展望するのか、私たちはその輪郭すら描きえていない。二〇世紀から持ち越した課題の多くは、未だ解決の緒を見つけることのできないままであり、二一世紀が新たに招きよせた問題も少なくない。グローバル資本主義の浸透、憎悪の連鎖、暴力の応酬――世界は混沌として深い不安の只中にある。

現代社会においては変化が常態となり、速さと新しさに絶対的な価値が与えられた。消費社会の深化と情報技術の革命は、種々の境界を無くし、人々の生活やコミュニケーションの様式を根底から変容させてきた。ライフスタイルは多様化し、一面では個人の生き方をそれぞれが選びとる時代が始まっている。同時に、新たな格差が生まれ、様々な次元での亀裂や分断が深まっている。社会や歴史に対する意識が揺らぎ、普遍的な理念に対する根本的な懐疑や、現実を変えることへの無力感がひそかに根を張りつつある。そして生きることに誰もが困難を覚える時代が到来している。

しかし、日常生活のそれぞれの場で、自由と民主主義を獲得し実践することを通じて、私たち自身がそうした閉塞を乗り超え、希望の時代の幕開けを告げてゆくことは不可能ではあるまい。そのために、いま求められていること――それは、個と個の間で開かれた対話を積み重ねながら、人間らしく生きることの条件について一人ひとりが粘り強く思考することではないか。その営みの糧となるものが、教養に外ならないと私たちは考える。歴史とは何か、よく生きるとはいかなることか、世界そして人間はどこへ向かうべきなのか――こうした根源的な問いとの格闘が、文化と知の厚みを作り出し、個人と社会を支える基盤としての教養となった。まさにそのような教養への道案内こそ、岩波新書が創刊以来、追求してきたことである。

岩波新書は、日中戦争下の一九三八年一一月に赤版として創刊された。創刊の辞は、道義の精神に則らない日本の行動を憂慮し、批判的精神と良心的行動の欠如を戒めつつ、現代人の現代的教養を刊行の目的とする、と謳っている。以後、青版、黄版、新赤版と装いを改めながら、合計二五〇〇点余りを世に問うてきた。そして、いままた新赤版が一〇〇〇点を迎えたのを機に、人間の理性と良心への信頼を再確認し、それに裏打ちされた文化を培っていく決意を込めて、新しい装丁のもとに再出発したいと思う。一冊一冊から吹き出す新風が一人でも多くの読者の許に届くこと、そして希望ある時代への想像力を豊かにかき立てることを切に願う。

（二〇〇六年四月）

岩波新書より

社会

不適切保育はなぜ起こるのか　普光院亜紀
なぜ難民を受け入れるのか　橋本直子
罪を犯した人々を支える　藤原正範
女性不況サバイバル　竹信三恵子
パリの音楽サロン　青柳いづみこ
持続可能な発展の話　宮永健太郎
皮革とブランド 変化するファッション倫理　西村祐子
動物がくれる力 教育、福祉、そして人生　大塚敦子
政治と宗教　島薗進編
超デジタル世界　西垣通
現代カタストロフ論　金子勝・児玉龍彦
「移民国家」としての日本　宮島喬
迫りくる核リスク 〈核抑止〉を解体する　吉田文彦
記者がひもとく「少年」事件史　川名壮志
中国のデジタルイノベーション　小池政就
これからの住まい　川崎直宏
検察審査会　デイビッド・T・ジョンソン・平山真理・福来寛
ドキュメント〈アメリカ世〉の沖縄　宮城修
東京大空襲の戦後史　栗原俊雄
土地は誰のものか　五十嵐敬喜
民俗学入門　菊地暁
企業と経済を読み解く小説50　佐高信
視覚化する味覚　久野愛
ロボットと人間 人とは何か　石黒浩
ジョブ型雇用社会とは何か　濱口桂一郎
法医学者の使命 「人の死を生かす」ために　吉田謙一
異文化コミュニケーション学　鳥飼玖美子
モダン語の世界へ　山室信一
時代を撃つノンフィクション100　佐高信
労働組合とは何か　木下武男
プライバシーという権利　宮下紘
地域衰退　宮﨑雅人
江戸問答　田中優子・松岡正剛
広島平和記念資料館は問いかける　志賀賢治
コロナ後の世界を生きる　村上陽一郎編
リスクの正体　神里達博
紫外線の社会史　金凡性
「勤労青年」の教養文化史　福間良明
5G 次世代移動通信規格の可能性　森川博之
客室乗務員の誕生　山口誠
「孤独な育児」のない社会へ　榊原智子
放送の自由　川端和治
社会保障再考 〈地域〉で支える　菊池馨実
生きのびるマンション　山岡淳一郎
虐待死 なぜ起きるのか、どう防ぐか　川崎二三彦
平成時代◆　吉見俊哉

岩波新書より

バブル経済事件の深層	奥山俊宏・村山治
日本をどのような国にするか	丹羽宇一郎
なぜ働き続けられない？ 社会と自分の力学	鹿嶋敬
物流危機は終わらない	首藤若菜
認知症フレンドリー社会	徳田雄人
アナキズム 一丸となってバラバラに生きろ	栗原康
総介護社会	小竹雅子
賢い患者	山口育子
住まいで「老活」	安楽玲子
現代社会はどこに向かうか	見田宗介
EVと自動運転 クルマをどう変えるか	鶴原吉郎
ルポ 保育格差◆	小林美希
棋士とAI	王銘琬
科学者と軍事研究	池内了
原子力規制委員会	新藤宗幸
東電原発裁判	添田孝史
日本問答	田中優子・松岡正剛

日本の無戸籍者	井戸まさえ
〈ひとり死〉時代のお葬式とお墓	小谷みどり
町を住みこなす	大月敏雄
歩く、見る、聞く 人びとの自然再生	宮内泰介
対話する社会へ	暉峻淑子
悩みいろいろ	金子勝
魚と日本人 食と職の経済学	濱田武士
ルポ 貧困女子	飯島裕子
鳥獣害 動物たちと、どう向きあうか	祖田修
科学者と戦争	池内了
新しい幸福論	橘木俊詔
ブラックバイト 学生が危ない	今野晴貴
ルポ 母子避難	吉田千亜
日本病 長期衰退のダイナミクス◆	金子勝・児玉龍彦
雇用身分社会	森岡孝二
生命保険とのつき合い方◆	出口治明
ルポ にっぽんのごみ	杉本裕明

鈴木さんにも分かるネットの未来	川上量生
地域に希望あり◆	大江正章
世論調査とは何だろうか◆	岩本裕
フォト・ストーリー 沖縄の70年	石川文洋
ルポ 保育崩壊	小林美希
多数決を疑う 社会的選択理論とは何か	坂井豊貴
アホウドリを追った日本人	平岡昭利
朝鮮と日本に生きる	金時鐘
被災弱者	岡田広行
農山村は消滅しない	小田切徳美
復興〈災害〉	塩崎賢明
「働くこと」を問い直す	山崎憲
原発と大津波 警告を葬った人々	添田孝史
縮小都市の挑戦◆	矢作弘
福島原発事故 被災者支援政策の欺瞞◆	日野行介
日本の年金◆	駒村康平
食と農でつなぐ 福島から◆	塩谷弘康・岩崎由美子

岩波新書より

過労自殺〔第二版〕◆ 川人　博
金沢を歩く　山出　保
ドキュメント 豪雨災害　稲泉　連
ひとり親家庭　赤石千衣子
女のからだ フェミニズム以後◆ 荻野美穂
〈老いがい〉の時代◆ 天野正子
子どもの貧困 Ⅱ　阿部　彩
性と法律　角田由紀子
ヘイト・スピーチとは何か◆ 師岡康子
生活保護から考える◆ 稲葉　剛
かつお節と日本人　宮内泰介・藤林　泰
家事労働ハラスメント　竹信三恵子
福島原発事故 県民健康管理調査の闇◆ 日野行介
電気料金はなぜ上がるのか◆ 朝日新聞経済部
おとなが育つ条件　柏木惠子
在日外国人〔第三版〕　田中　宏
まち再生の術語集　延藤安弘
震災日録 記憶を記録する◆ 森まゆみ

原発をつくらせない人びと　山秋　真
社会人の生き方◆ 暉峻淑子
構造災 科学技術社会に潜む危機　松本三和夫
家族という意志◆ 芹沢俊介
夢よりも深い覚醒へ◆ 大澤真幸
3・11 複合被災◆ 外岡秀俊
子どもの声を社会へ　桜井智恵子
就職とは何か◆ 森岡孝二
日本のデザイン　原　研哉
ポジティヴ・アクション　辻村みよ子
脱原子力社会へ◆ 長谷川公一
希望は絶望のど真ん中に　むのたけじ
アスベスト 広がる被害　大島秀利
原発を終わらせる　石橋克彦編
日本の食糧が危ない　中村靖彦
希望のつくり方　玄田有史
生き方の不平等◆ 白波瀬佐和子
同性愛と異性愛　風間　孝・河口和也
新しい労働社会　濱口桂一郎

世代間連帯　上野千鶴子・辻元清美
子どもの貧困　阿部　彩
子どもへの性的虐待◆ 森田ゆり
反貧困　湯浅　誠
不可能性の時代　大澤真幸
地域の力　大江正章
少子社会日本　山田昌弘
「悩み」の正体　香山リカ
変えてゆく勇気◆ 上川あや
戦争で死ぬ、ということ　島本慈子
ルポ 改憲潮流　斎藤貴男
社会学入門　見田宗介
少年事件に取り組む　藤原正範
悪役レスラーは笑う◆ 森　達也
いまどきの「常識」◆ 香山リカ
働きすぎの時代◆ 森岡孝二
桜が創った「日本」　佐藤俊樹
生きる意味　上田紀行
社会起業家◆ 斎藤　槙

岩波新書より

逆システム学◆　金子勝・児玉龍彦
当事者主権　中西正司・上野千鶴子
豊かさの条件　暉峻淑子
クジラと日本人　大隅清治
人生案内　落合恵子
若者の法則　香山リカ
原発事故はなぜくりかえすのか　高木仁三郎
証言 水俣病　栗原彬編
日の丸・君が代の戦後史◆　田中伸尚
コンクリートが危ない　小林一輔
バリアフリーをつくる　光野有次
ドキュメント 屠場　鎌田慧
現代社会の理論　見田宗介
原発事故を問う◆　七沢潔
ディズニーランドという聖地　能登路雅子
原発はなぜ危険か◆　田中三彦
豊かさとは何か　暉峻淑子
異邦人は君ヶ代丸に乗って　金賛汀

読書と社会科学　内田義彦
文化人類学への招待◆　山口昌男
ビルマ敗戦行記　荒木進
プルトニウムの恐怖◆　高木仁三郎
日本の私鉄　和久田康雄
社会科学における人間　大塚久雄
女性解放思想の歩み　水田珠枝
沖縄ノート　大江健三郎
沖縄　比嘉春潮
民話　関敬吾
唯物史観と現代〔第二版〕　梅本克己
民話を生む人々　山代巴
米軍と農民　阿波根昌鴻
沖縄からの報告　瀬長亀次郎
結婚退職後の私たち　塩沢美代子
ユダヤ人◆　J-P・サルトル　安堂信也訳
社会認識の歩み◆　内田義彦
社会科学の方法　大塚久雄
自動車の社会的費用　宇沢弘文

上海　殿木圭一
現代支那論　尾崎秀実

現代世界

岩波新書より

エビと日本人 II　村井吉敬
欧州連合 統治の論理とゆくえ　庄司克宏
いま平和とは　最上敏樹
ヨーロッパとイスラーム　内藤正典
多文化世界　青木　保
デモクラシーの帝国　藤原帰一
パレスチナ〔新版〕◆　広河隆一
異文化理解　青木　保
東南アジアを知る　鶴見良行
エビと日本人　村井吉敬
バナナと日本人　鶴見良行
アフリカの神話的世界　山口昌男
この世界の片隅で◆　山代　巴編

(2024.8)　◆は品切，電子書籍版あり．(E2)

岩波新書より

哲学・思想

社会学の新地平　佐藤俊樹
言語哲学がはじまる　野矢茂樹
アリストテレスの哲学　中畑正志
スピノザ　國分功一郎
哲人たちの人生談義 ストア哲学をよむ　國方栄二
西田幾多郎の哲学　小坂国継
死者と霊性　末木文美士編
道教思想10講　神塚淑子
マックス・ヴェーバー　今野元
新実存主義　マルクス・ガブリエル 廣瀬覚訳
日本思想史　末木文美士
ミシェル・フーコー　慎改康之
ヴァルター・ベンヤミン　柿木伸之
モンテーニュ 人生を旅するための7章　宮下志朗
マキァヴェッリ　鹿子生浩輝
世界史の実験　柄谷行人

ルイ・アルチュセール　市田良彦
異端の時代　森本あんり
ジョン・ロック　加藤節
インド哲学10講　赤松明彦
マルクス 資本論の哲学　熊野純彦
日本文化をよむ 5つのキーワード◆　藤田正勝
中国近代の思想文化史　坂元ひろ子
憲法の無意識　柄谷行人
ホッブズ リヴァイアサンの哲学者　田中浩
プラトンとの哲学 対話篇をよむ◆　納富信留
〈運ぶヒト〉の人類学　川田順造
哲学の使い方　鷲田清一
ヘーゲルとその時代　権左武志
人類哲学序説　梅原猛
加藤周一　海老坂武
哲学のヒント◆　藤田正勝
空海と日本思想◆　篠原資明
論語入門　井波律子

トクヴィル 現代へのまなざし　富永茂樹
和辻哲郎　熊野純彦
宮本武蔵　魚住孝至
丸山眞男　苅部直
西洋哲学史 近代から現代へ　熊野純彦
西洋哲学史 古代から中世へ　熊野純彦
世界共和国へ　柄谷行人
悪について　中島義道
神、この人間的なもの◆　なだいなだ
プラトンの哲学　藤沢令夫
術語集 II　中村雄二郎
マックス・ヴェーバー入門　山之内靖
ハイデガーの思想　木田元
臨床の知とは何か　中村雄二郎
新哲学入門◆　廣松渉
「文明論之概略」を読む 上・中・下　丸山真男
術語集　中村雄二郎

(2024.8)　◆は品切，電子書籍版あり．　(J1)

岩波新書より

死の思索	松浪信三郎
戦後思想を考える◆	日高六郎
イスラーム哲学の原像	井筒俊彦
エピクテートス	鹿野治助
孟子	金谷治
現代日本の思想◆	久野収 鶴見俊輔
日本の思想	丸山真男
権威と権力	なだいなだ
朱子学と陽明学	島田虔次
デカルト	野田又夫
プラトン◆	斎藤忍随
ソクラテス	田中美知太郎
古典への案内	田中美知太郎
現代論理学入門	沢田允茂
現象学	木田元
実存主義	松浪信三郎
日本文化の問題◆	西田幾多郎
哲学入門	三木清

(2024.8)　　◆は品切，電子書籍版あり．(J2)

岩波新書より

心理・精神医学

記憶の深層　高橋雅延
「むなしさ」の味わい方　きたやまおさむ
子育ての知恵　幼児のための心理学　高橋惠子
モラルの起源　亀田達也
トラウマ　宮地尚子
自閉症スペクトラム障害　平岩幹男
だます心 だまされる心　安斎育郎
痴呆を生きるということ　小澤勲
純愛時代◆　大平健
やさしさの精神病理　大平健
生涯発達の心理学　高橋惠子・波多野誼余夫
認識とパタン　渡辺慧
コンプレックス　河合隼雄
天才　宮城音弥
日本人の心理◆　南博
感情の世界　島崎敏樹

カラー版

カラー版 国芳　岩切友里子
カラー版 北斎　大久保純一
カラー版 すばる望遠鏡の宇宙　海部宣男・宮下曉彦写真
カラー版 メッカ　野町和嘉
カラー版 シベリア動物誌　福田俊司
カラー版 ハッブル望遠鏡が見た宇宙　野本陽代・R・ウィリアムズ
カラー版 妖怪画談　水木しげる

(2024.8)　◆は品切，電子書籍版あり．(LT)

岩波新書/最新刊から

2040 **反逆罪** ―近代国家成立の裏面史― 将基面貴巳 著
支配権力は反逆者を殺すことで、聖性を獲得してきた。西洋近代の血塗られた歴史を読み解き、恐怖に彩られた国家の本質を描く。

2041 **教員不足** ―誰が子どもを支えるのか― 佐久間亜紀 著
先生が確保できない。全国の学校でそんな悲鳴が絶えない。独自調査で問題の本質を追究し、教育をどう立て直すかを具体的に提言。

2042 **当事者主権 増補新版** 中西正司 上野千鶴子 著
障害者、女性、高齢者、子ども、性的少数者が声をあげ社会を創りかえてきた感動の軌跡。初版刊行後の変化を大幅加筆。

2043 **ベートーヴェン《第九》の世界** 小宮正安 著
型破りなスケールと斬新な構成で西洋音楽史を塗り替えた「第九」。初演から二〇〇年、今なお人々の心を捉える「名曲」のすべて。

2044 **信頼と不信の哲学入門** キャサリン・ホーリー 著 稲岡大志 杉本俊介 監訳
信頼される人、組織になるにはどうすればよいのか。進化論、経済学の知見を借りながら、哲学者が迫った知的発見あふれる一冊。

2045 **ピーター・ドラッカー** ―「マネジメントの父」の実像― 井坂康志 著
著作と対話を通して、彼が真に語りたかったことは。「マネジメントの父」の裏側にある実像を、最晩年の肉声に触れた著者が描く。

2046 **力道山** ―「プロレス神話」と戦後日本― 斎藤文彦 著
外国人レスラーを倒し、戦後日本を熱狂させた国民的ヒーロー。神話に包まれたその実像とは。そして時代は彼に何を投影したのか。

2047 **芸能界を変える** ―たった一人から始まった働き方改革― 森崎めぐみ 著
ルールなき芸能界をアップデートしようと、役者でありながら奮闘する著者が、芸能界のこれまでとこれからを描き出す。

(2025.1)